## 개빈 프레터피니 Gavin Pretor-Pinney

'구름 한 점 없는 파란 하늘' . '푸른하늘주의'의 진부함 구름감상협회 Cloud Appreciation Society 을 설립해 개설했는데, 현재 이 협회는 120개국 5만 3천 명 이상의 회원을 두고 있다. 구름에 빠져 지낸 어린 시절부터 지금까지, 자연현상을 관찰하고 그 원리를 이해하는 일에 매료되어 이른바 '덕업일치'의 삶을 살고 있다. 옥스퍼드대학교를 졸업한 뒤, 센트럴 세인트마틴스 스쿨 오브 아트 앤 디자인에서 그래픽 디자인을 공부했다. 레딩대학교 기상학과 방문연구원을 지냈고, 왕립기상학회의 마이클 헌트상을 받았다. 《구름 읽는 책The Cloudspotter's Guide》《구름수집가의 핸드북The Cloud Collector's Handbook》을 썼고, 세 번째 책《파도관찰자를 위한 가이드The Wavewatcher's Companion》로 2011년 권위 있는 왕립학회 과학도서상을 수상했다. 아무것도 하지 않는 고상한 기술을 옹호하는 잡지 〈아이들러The Idler〉를 공동 창간했으며 〈텔레그래프〉 〈이브닝 스탠다드〉 등에 기고했다. BBC와 채널4의 다큐멘터리에도 출연했으며, 그의 TED Global 강연은 130만 뷰를 넘겼다. 바닷가에서건 하늘에서건 축구장에서건, 일상에서 발견할 수 있는 모든 형태의 구름과 파도를 지켜보는 것을 사랑한다.

www.cloudappreciationsociety.org

### 옮긴이 | 김성훈

치과 의사의 길을 걷다가 번역의 길로 방향을 튼 번역가. 경희대학교 치과대학을 졸업했고 현재 출판번역 및 기획그룹 '바른번역' 회원으로 활동 중이다. 《인간 무리, 왜 무리지어 사는가》《뇌의 미래》《정리하는 뇌》《이상한 수학책》《10대의 뇌》《운명의 과학》《무엇이 인간을 만드는가》 등 다수의 책을 우리말로 옮겼다. 활자의 구름 속에 파묻혀 지내다가도 틈틈이 하늘의 구름을 보며 몽상하는 것을 즐기는 구름추적자이기도 하다.

A Cloud
A Day

**A Cloud a Day**

by Gavin Pretor-Pinney

Copyright © PAVILION BOOKS Company Ltd 2019
Text copyright © Gavin Pretor-Pinney 2019
First published in the United Kingdom in 2019 by Batsford,
An imprint of Pavilion Books Company Limited, 43 Great Ormond Street, London WC1N 3HZ

Korean translation copyright © Gimm-Young Publishers, Inc. 2021
This Korean translation edition published by arrangement with Pavilion Books Company
Limited through LENA Agency, Seoul.
All rights reserved.

# 날마다 구름 한 점

1판 1쇄 발행 2021. 1. 8.
1판 5쇄 발행 2021. 9. 10.

지은이 개빈 프레터피니
옮긴이 김성훈

발행인 고세규
편집 강영특 | 디자인 윤석진 | 마케팅 신일희 | 홍보 반재서
발행처 김영사
등록 1979년 5월 17일(제406-2003-036호)
주소 경기도 파주시 문발로 197(문발동) 우편번호 10881
전화 마케팅부 031)955-3100, 편집부 031)955-3200 | 팩스 031)955-3111

값은 뒤표지에 있습니다.
ISBN 978-89-349-9178-6 03450

홈페이지 www.gimmyoung.com       블로그 blog.naver.com/gybook
인스타그램 instagram.com/gimmyoung       이메일 bestbook@gimmyoung.com

좋은 독자가 좋은 책을 만듭니다.
김영사는 독자 여러분의 의견에 항상 귀 기울이고 있습니다.

이 도서의 국립중앙도서관 출판시도서목록(CIP)은 서지정보유통지원시스템 홈페이지
(http://seoji.nl.go.kr)와 국가자료공동목록시스템(http://www.nl.go.kr/kolisnet)에서
이용하실 수 있습니다.(CIP제어번호 : CIP2020052441)

# 날마다 구름 한 점

개빈 프레터피니 | 김성훈 옮김

# A Cloud A Day

*365 Skies from the Cloud
Appreciation Society*

김영사

이 책을
구름감상협회의
모든 회원에게 바친다.

# 차례

머리말 6

구름들 15

사진 저작권 360

찾아보기 364

## 구름의 10가지 주요 유형(속屬)

| 100 223 적운 積雲, Cumulus 하층운 | 60 135 층적운 層積雲, Stratocumulus 하층운 | 65 115 244 층운 層雲, Stratus 하층운 | 31 135 266-7 고적운 高積雲, Altocumulus 중층운 | 92 129 고층운 高層雲, Altostratus 중층운 |
| 213 258 281 권운 卷雲, Cirrus 상층운 | 73 135 154 권적운 卷積雲, Cirrocumulus 상층운 | 288 권층운 卷層雲, Cirrostratus 상층운 | 95 120 적란운 積亂雲, Cumulonimbus 다층운 | 260 315 난층운 亂層雲, Nimbostratus 다층운 |

## 종(種)과 변종(變種)

| | 169 219 232 렌즈구름 Lenticularis | 66 252 명주실구름 Fibratus | 110 탑상구름 Castellanus | 117 172 볼루투스 Volutus |
| 16 67 352 조각구름 Fractus | 66 183 273 파상구름 Undulatus | 33 342 방사구름 Radiatus | 78 290 벌집구름 Lacunosus | 121 213 갈퀴구름 Uncinus |

# 구름의 유형

* 숫자는 해당 구름이 나오는 쪽수를 나타낸다.

## 다른 구름들

| 비행운 Contrail 106 148 330 | 흩어짐 흔적 Distrail 146 344 | 안개 Fog 184 196 294 | 다이아몬드 가루 Diamond dust 72 322 |
| 모자구름 Cap cloud 86 123 | 야광구름 Noctilucent 126 167 241 | 자개구름 Nacreous 39 335 | 말굽꼴 소용돌이 구름 Horseshoe vortex 55 295 |

## 부가적 특성과 부속구름

| 유방구름 Mamma 34 171 332 | 아치구름 Arcus 36 293 | 물결구름 Fluctus 44 249 359 | 꼬리구름 Virga 69 318 | 구멍구름 Cavum 198 344 | 깔때기구름 Tuba 255 | 벽구름 Murus 215 264 | 거친물결구름 Asperitas 38 104-5 276 | 삿갓구름 Pileus 21 112 |

자신이 하늘 속에서 살고 있음을 우리는 너무 쉽게 잊어버린다. 우린 하늘 아래 사는 것이 아니다. 하늘 속에 살고 있다. 우리의 대기는 하나의 거대한 바다이고, 우리는 그 안에 살고 있다. 이 바다는 액체 상태의 물 대신 기체 상태의 공기로 이루어져 있지만 대서양이나 태평양과 마찬가지로 엄연한 바다다. 우리는 자신이 땅 위에서 살고 있다고 생각하지만, 사실 이것은 우리가 바다 밑바닥에 붙어사는 생물이라는 의미다. 해저생물이 물속에서 살고 있듯이 우리 역시 대기 속에서 살고 있다.

빅토리아 시대의 미술평론가 존 러스킨(40쪽 참조)은 이렇게 적었다. "일반인들이 하늘에 대해 아는 것이 거의 없다니, 그것 참 이상한 일이다." 하늘이 우리에게 얼마나 중요한 것인지 생각해보면 정말로 이상한 일이다. 한 가지 이유는 하늘이 늘 그곳에 존재하기 때문이 아닐까 싶다. 하늘은 우리의 삶에서 항상 배경이 되어준다. 이렇듯 어디에나 존재하는 것은 너무 잘 보여서 오히려 놓치기 쉽다.

우리 '구름감상협회Cloud Appreciation Society' 회원들은 하늘에 관심을 더 많이 기울이는 것이 온당한 일이라 믿는다. 하루에 몇 순간만이라도 머리를 구름 속에 두고 공상에 빠진다면 정신에도 좋고, 몸에도 좋고, 영혼에도 좋을 것이다. 그 이유를 보여주는 것이 이 책의 목적이다.

생물학자 E. O. 윌슨(161쪽 참조)은 이렇게 지적했다. "지혜로 나아가는 첫걸음은 대상을 올바른 이름으로 부르는 것이다." 몇 가지 서로 다른 구름 유형의 이름을 배우는 것은 하늘과 새롭게 관계를 맺는 좋은 방법이 될 수 있다. 모든 구름은 자기만의 독특한 형태를 갖고 있지만 우리 인간은 사물을 묶어서 분류하기를 좋아한다. 그래서 우리는 속屬, genus이라는 열 가지 주요 유형에 따라 구름의 혼란스러운 형태를 분류한다. 그중에서 적운Cumulus, 층운Stratus, 권운Cirrus 같은 몇몇 이름은 당신도 학교에서 배워봤을지 모르겠다. 구름은 그 하위 범주도 많다. 이런 구름의 종種 species과 변종變種, variety, 구름 특성cloud feature 등은 주요 유형 사이

## 무언가를 닮은 구름들

### 사물

| | | | | | 158 | | 220 | 298 | |
|---|---|---|---|---|---|---|---|---|---|
| 17 | | | | | | | | | |
| 316 | 53 | 82 | 103 | 123 | 조깅하는 | 208 | 바위 | 하늘에 뜬 | 307 |
| UFO | 하트 | 눈 | 발포정 | 가발 | 브로콜리 | 라퓨타섬 | | 원주율(π) | 화살표 |

### 동물

| | 22 | 170 | 214 |
|---|---|---|---|
| | 고양이 | 195 | 336 |
| | | 새 | 돼지 |

| 223 | 224 | 234-5 | 251 |
|---|---|---|---|
| 버펄로 | 곰 | 코끼리 | 순록 |

### 사람

| 번개맨 | 스카이다이버 | 공 던지기 | 리본체조 선수 | 스마일 얼굴 | 구름 청소부 |
|---|---|---|---|---|---|
| 59 | 79 | 87 | 99 | 131 | 141 |
| | 259 | | | | |

| | 브레이크댄서 | 이집트 네페르티티 여왕 | 통화 중 | 캠코더 촬영하는 천사 | |
|---|---|---|---|---|---|
| | 151 | 186 | 270 | 282 | |

에서 여기저기 얼굴을 내민다. 그중에는 보기 드물고 잠깐 나타났다 사라지는 것도 있어서, 놓치지 않으려면 항상 눈을 부릅뜨고 하늘을 보고 있어야 한다. 어떤 구름이 무슨 구름인지 익숙해지려면 **구름의 유형** 지도를 이용해서 눈에 잘 띄는 사례들을 먼저 살펴보는 것도 방법이다.

라틴어 이름이나 한자어 이름이 딱딱하고 형식적으로 들리겠지만 이런 이름들은 대부분 그냥 구름의 모양을 바탕으로 지은 것들이고, 굳이 라틴어 용어나 한자 용어를 일일이 기억하지 않아도 구름 속에서 익숙한 모양을 찾는 즐거움을 맛보는 데는 문제가 없다. 어릴 때 구름을 보며 모양 찾기 놀이를 했던 기억이 있는 사람도 있을 것이다. 그때는 시간도 남아돌았고, 잠자리에 드는 시간 말고는 딱히 마감시간 같은 것도 없었기 때문에 자유롭게 상상력을 발휘할 수 있었다.

보통 우리는 구름 속에 들어 있는 모양을 찾아내면서 하늘에 처음 흥미를 느끼게 된다. 이런 구름추적 활동에는 목적 없는 즐거움이 존재한다. 향수를 불러일으키는 즐거움이다. 구름과 하늘에 대한 감정이 우리 내면 깊숙이 흐르고 있는 이유는 구름과의 관계가 어린 나이 때 처음 맺어지기 때문이라고 설명할 수 있을지도 모르겠다. 하지만 일단 어른이 되고 나면 어린 시절의 이 목적 없는 즐거움이 시시하게 느껴진다. 한가하게 앉아서 구름이나 쳐다보고 있을 시간이 없으니까 말이다.

그렇다면 어떤 이유로든 자기가 이 세상에 살날이 얼마 남지 않았음을 알고 있는 사람들이 우리가 하루하루 걱정하며 사는 대부분의 세상사보다 하늘이, 그리고 일시적이고, 덧없고, 변화무쌍한 구름이 오히려 더 가치 있어 보인다고 말하는 이유는 무엇일까? 목적이 없는 것이라고 해서 그것이 무의미하다는 뜻은 아니기 때문이다.

그러니 가끔씩은 새뮤얼 테일러 콜리지의 말처럼(214쪽 참조) 시간을 내서 흘러가는 구름을 즐거움으로 삼아보자. 그럼 뇌는 온갖 장치에 얽매여 사는 문화가 자리 잡으면서 우리의 삶에서 뿌리가 뽑히다시피 한 게으름 모드idle mode로 들어가게 된다. 구름추적은 아무것도 하지 않아도 누구 한 사람 나무랄 일이 없는 활동이다. 오히려 아무것도 하지 않아야 상상력이 자유롭게 풀려나오고 편안한 마음을 유지할 수 있다. 이 책에는 구름감상협회 회원들이 찾아낸 구름 사진들이 소개되어 있다. 이

16
미우인

147
구름 부족

**1300년대 이전**

96
야코프 엘브파스

121
깃털구름의 대가

179
조토

212
알베르트 코이프

228
엘 그레코

238
시몽 드니

253
야코프 판
라위스달

299
사투르니노 가티

311
피에로 델라
프란체스카

**13-18세기**

38
191
카스파르
다비트
프리드리히

44
217
빈센트 반 고흐

32
존 컨스터블

52
에드워드 케니온과
루크 하워드

60
앙리 루소

80
헨리 파러

102
J.M.W. 터너

111
328
가쓰시카
호쿠사이

200
이삭 레비탄

245
존 브렛

288
크리스텐 쾨브케

308
요한 크리스티안 달

353
토머스 콜

**19세기**

# 하늘의 미술

**20세기**

마스든 하틀리
25

에드워드 호퍼
56

조지아 오키프
68

앙리 도레
134

폴 헨리
138

존 로저스
콕스
152

앨프리드
스티글리츠
173

미칼로유스
치우를리오니스
182

보리스
아니스펠츠
306

하워드 크로슬렌
320

폴 시냐크
333

르네 마그리트
346

존 슐러
353

**21세기**

애니시
커푸어
114

베른나우트
스밀데
256-7

알렉스
카츠
262

자리아
포먼
340

사진들이 당신에게 그런 마음가짐을 가르쳐줄 것이다. **무언가를 닮은 구름들** 지도를 이용해서 구름에서 모양을 찾아보자.

우리는 모두 구름이 우리 기분에 깊은 영향을 미칠 수 있음을 알고 있다. 그렇다면 화가들이 구름을 풍경화에 감정을 불어넣는 도구로 사용하는 것이 그리 놀랄 일도 아니다. 19세기의 낭만주의 화가 존 컨스터블(32쪽 참조)은 어떤 풍경화든 하늘이야말로 '가장 중요한 정서 기관Organ of Sentiment'이며, '으뜸음'이라고 주장했다. 미술에서 하늘을 표현해온 역사를 살펴보면 자연에 대한 우리의 태도가 어떻게 변해왔는지 알 수 있을 것이다. 200년 전까지만 해도 서구 미술에서 하늘은 으뜸음은커녕 부차적인 존재로 취급받았다. 설령 그림에 구름이 등장하더라도 그냥 배경을 꾸미거나, 여백을 채우거나, 기껏해야 신이 기대어 눕는 쿠션 역할이 고작이고, 중심적인 역할을 하는 경우는 드물었다. 하지만 예외도 있었다. **하늘의 미술** 지도를 참고하면 이런 작품들과 함께 대기에 대한 현대적 탐구들을 함께 만나볼 수 있을 것이다.

하늘에 주파수를 맞추는 것은 곧 느려짐을 의미한다. 구름은 끊임없이 변화하지만 그 변화는 점진적일 때가 많다. 사실 이 구름들은 대단히 빠른 속도로 움직이는 경우도 있다. 예를 들어 권운으로 알려진 높은 새털구름 속 얼음 결정은 시속 300킬로미터에 가까운 속도로 불려 가기도 한다. 하지만 워낙 멀리 떨어져 있다 보니 느릿느릿 변하는 것처럼 보인다. 그래서 구름추적을 명상의 순간, 하늘을 대상으로 하는 명상으로 취급할 수도 있다. 그런데 이 명상은 한 가지 중요한 측면에서 다른 형태의 명상과는 차이가 있다. 집중의 대상인 하늘이 우리의 통제를 벗어나 있다는 점이다. 그래서 구름추적을 정해진 시간만큼 하겠다거나, 하루 중 특정 시간에 하겠다고 미리 계획을 잡아놓을 수가 없다. 구름추적은 계획을 잡고 하는 활동이라기보다는 일종의 마음가짐이다. 하늘이 쇼를 펼칠 때, 하던 일을 멈추고 잠시 감상할 수 있도록 마음의 준비만 하고 있으면 된다.

구름은 혼돈과 복잡성의 화신이다. 구름은 왜 이렇게 예측할 수 없이 변할까? 끊임없이 변화하는 이들의 역동적인 형태를 무엇으로 설명할 수 있을까? 그 해답은 간단하다. 구름이 그리도 변화무쌍하게 모습을 바

## 광학효과

### 물방울에 의한 광학효과

| 무지개<br>Rainbow | 그림자<br>광륜<br>Glory | 부챗살빛<br>Crepuscular<br>rays | 구름무지개/<br>안개무지개<br>Cloudbow/<br>fogbow | 과잉무지개<br>Supernumerary<br>bows | 거꾸로부챗살빛<br>Anti-crepuscular<br>rays | 무지개바퀴<br>Rainbow<br>wheel | 반사무지개<br>Reflection<br>bow |
|---|---|---|---|---|---|---|---|
| 30<br>57<br>136<br>204 | 35<br>321<br>327 | 74<br>127<br>209 | 166<br>289 | 268 | 143<br>309 | 277 | 261 |

### 얼음 결정에 의한 광학효과

| 22도 무리<br>22° Halo | 무리해<br>Sun dog | 해기둥<br>Sun pillar |
|---|---|---|
| 133<br>161<br>287 | 96<br>187 | 227 |

| 천정호<br>Circumzenithal<br>arc | 접호<br>Tangent<br>arc | 수평무지개<br>Circumhorizon<br>arc |
|---|---|---|
| 64<br>161<br>305 | 153<br>161<br>357 | 51<br>231 |

| 환일환<br>Parhelic<br>circle | 외상방호<br>Supralateral<br>arc | 영일<br>Sub-sun |
|---|---|---|
| 122<br>109 | 161<br>305 | 72 |

| 외접무리<br>Circumscribed<br>halo | 대일효과<br>Anti-solar<br>effects | |
|---|---|---|
| 355 | 122 | |

### 물방울이나 얼음 결정에 의한 광학효과

| 광환<br>Corona | 무지갯빛<br>Iridescence |
|---|---|
| 201 | 18<br>347 |

### 전기적 광학효과

| 북극광/남극광<br>Norther0n/<br>Southern lights | 붉은<br>스프라이트<br>Red sprites | 번개<br>Lightning |
|---|---|---|
| 84<br>207<br>242<br>278 | 194 | 59<br>210<br>271 |

꾸는 이유는 물의 독특한 특성 때문이다. 지구의 물질 중 자연에서 고체, 액체, 기체의 세 가지 상태로 모두 발견되는 물질은 물밖에 없다. 지구에서 약간의 온도 변화만으로도 이렇게 쉽게 이 세 가지 상태를 오가는 물질은 없다. 이 세 가지 상태 중 하나인 기체 상태의 물은 눈에 보이지 않는다. 이것을 수증기라 한다. 수증기는 투명하다. 그래서 공기가 살짝 따듯해지거나 식기만 하면 눈에 보이지 않던 투명한 기체가 눈에 보이는 물방울이나 반투명 얼음 결정으로 변하면서 마법의 춤판을 벌인다.

구름이 우리 눈에 보이는 이유는 그 입자들이 햇빛을 반사하거나 산란시키기 때문이다. 그리고 때로는 그 과정에서 물방울이나 얼음 결정의 크기, 형태, 방향이 정확히 들어맞기만 하면, 빛이 꺾이고 분리되면서 온갖 형태의 원호, 테, 점, 띠를 만들어낸다. 대기의 이런 광학현상들은 **광학효과** 지도의 도움을 빌려 살펴보자.

이 책에 실린 365개의 구름은, 국제우주정거장에 탑승한 우주비행사가 찍은 것이든, 네덜란드 황금기의 대가가 그린 것이든, 구름감상협회 회원이 뒤뜰에서 포착한 것이든 모두 당신에게 무언가를 상기시켜주기 위한 신호이다. 각각의 구름들은 당신의 어깨를 두드리며 어서 고개를 들어 하늘을 보라고, 숨을 크게 한번 내쉬고 속세의 모든 걱정을 내려놓으라고 말해줄 것이다. 구름은 당신에게 주위를 둘러보고, 하늘을 올려다보며 우리가 함께 어울려 살고 있는, 이 끝없이 변하는 공기의 바다를 감상하라고 말해주기 위해 거기에 있다.

개빈 프레터피니

이 책에 사진을 제공해준 구름감상협회의 모든 회원과 친구들에게 감사드린다. 특히 이 책에 글과 아이디어가 실린 다음 회원들에게 개인적으로 감사드리고 싶다. 요아브 대니얼 바르네스(10,389번 회원), 셰일라 브룩(32,250번 회원), 셸리 콜린스(9,733번 회원), 엘리엇 데이비스(7,143번 회원), 킴 드루이트(19,908번 회원), 윌리엄 A. 에드먼슨(5,218번 회원), 진 해트필드(36,420번 회원), 리처드 주스(32,314번 회원), 앤드루 포드캐리(3,769번 회원), 주디스 스트로저(32,075번 회원). 특히 엘리엇 챈들러(16,353번 회원)는 이 책의 내용을 쓰고 개발하는 데 정말 크고 소중한 역할을 해주었다. 특별히 감사드린다.

바람에 일그러진
렌즈권적운

Cirrocumulus lenticularis.
미국 캘리포니아주
시에라네바다산맥의
바람이 불어가는
쪽에서.
– Stephen Ingram
(7,328번 회원)

간과하기 쉬운 아름다움에 눈을 뜨는 방법이 있다.
스스로에게 이렇게 물어보는 것이다.
"만약 내가 이것을 예전에는 한 번도 본 적이 없다면?
그리고 이것을 두 번 다시는 보지 못하리라는 것을
안다면?"

– 레이첼 카슨, 《자연 그 경이로움에 대하여》(1956)

미우인米友仁의
〈구름 낀 산〉.
두루마리 수묵화.

그림에 사실적인 구름이 처음 등장한 것은 언제일까? 12세기 중국 미술에서였을 가능성이 대단히 높다. 산비탈에 걸쳐 있는 조각층운Stratus fractus을 보여주는 이 세밀화는 서기 1200년 이전에 중국의 화가 미우인이 그린 수묵화다. 이 화가는 몇 편의 구름 낀 산 그림 중 한 편에서 다음과 같은 글을 써놓았다.

셀 수 없이 많은 아름다운 산봉우리들이
하늘 끝과 맞닿아 있으니
맑으나 흐리나, 낮이나 밤이나,
안개 자욱한 풍경은 너무도 사랑스럽구나.

**산 근처에서 형성되는** 독특한 원반 모양을 한 렌즈구름의 영어 이름lenticularis은 렌즈콩lentil을 뜻하는 라틴어에서 나왔다. 비행접시에 해당하는 라틴어를 아무도 생각해내지 못한 때문이라고 한다.

권층운 속에서 나타난
무지갯빛iridescence.
잉글랜드 노퍽주의
노스엘름햄 상공에 뜬
적운 위에서 발견.
- Danielle Malone
(35,276번 회원)

**가끔 파스텔 색조의 띠가** 권층운Cirrostratus 같은 상층운을 가
로지르며 생기는 경우가 있다. 이것은 햇빛이 작은 구름 입자
주변을 지나다가 휘어지면서 생긴다. 이런 광학효과를 회절
diffraction이라 하는데 햇빛을 구성하는 빛은 파장에 따라 휘어
지는 정도가 다르다. 이것이 빛을 파장별로 분리시키는 효과
를 내고, 이렇게 분리된 파장이 저마다 고유의 색으로 나타난
다. 이런 색은 구름의 물방울이나 얼음 결정의 크기가 머리카
락 굵기의 천분의 일 정도로 아주 균일하고 작은 경우에만 나
타난다.

아이슬란드 남부
스코가르의 폭포 주변에
서 있다가 물보라 속에
서 만난 무지개.
- Sarah Jameson

이 매듭을 풀기는 어려운 일이었다. / 무지개가 빛나지만 바라보는 그의 생각 속에서만 빛난다. / 하지만 그 생각 속에서만 빛나는 것도 아니다. / 누가 무지개를 발명해서 만들겠는가? / 폭포 주변에 서 있는 많은 사람이 / 각자 하나의 무지개를 보지만, 그 무지개 모두 똑같지는 않다. / 각각의 무지개는 그다음 무지개와 손바닥만큼 떨어져 있다. / 떨어지는 물에 비친 햇빛이 글을 써 내려가지만 / 그 글은 눈 속, 혹은 생각 속에 있다. / 이 매듭을 풀기는 어려운 일이었다.

- 쓰다 만 시, 제라드 맨리 홉킨스(1864)

산맥 위로 물결구름이
머랭 쿠키의 뾰족한
봉우리처럼 감겨 있다.
미국 버몬트주
스탁스버러 근처의
그린산맥.
- Keith Edmunds
(41,937번 회원)

**물결구름**fluctus은 19세기 과학자 켈빈 경과 헤르만 폰 헬름
홀츠의 이름을 따서 켈빈-헬름홀츠 파동 구름Kelvin-Helmholtz
wave clouds이라고도 한다. 두 사람은 움직이는 유체 사이의
경계에서 발생하는 난류를 연구했다. 두 기류 사이의 속도 차
이를 윈드시어wind shear라고 하는데, 이것이 불안정한 소용돌
이를 만들고, 그로 인해 이렇게 잠시 형성되었다가 사라지는
희귀한 구름이 생길 수 있다.

솟구쳐 오르는 적운
위로 형성된 삿갓구름.
미국 켄터키주.
- Frank Leferink
(41,121번 회원)

**필레우스**pileus는 고대 그리스인이 쓰고 나중에는 로마인들이 썼던, 삿갓처럼 생긴 챙이 없는 펠트 모자를 말한다. 대기층을 뚫고 급속히 위로 솟구쳐 오르는 적운(뭉게구름)의 꼭대기 위로 나타나는 이 매끄러운 모자 모양 구름의 이름도 '삿갓구름pileus'이다. 이 구름은 위쪽을 지나던 기류가 그 아래 대류운convection cloud(적운, 적란운 등 대기가 불안정할 때 생기는 덩어리 모양의 구름─옮긴이) 속에서 거칠게 솟구쳐 오르는 상승기류에 떠밀려 올라가 냉각될 때 생긴다. 로마인들에게 필레우스는 자유의 상징이었다. 노예 신세에서 해방된 노예에게 주는 모자였기 때문이다.

고양이가 헤드라이트에 몰래 접근하고 있다.
다행히 이 고양이 목에 종이 달려 있어서 경보가 울렸다.
이 구름을 복슬적란운Cumulonimbus capillatus이라고도 한다.
잉글랜드 서리주 애쉬테드.
– Debbie Whatt(43,013번 회원)

구름에 덮인 탑들, 화려한 궁전들, 근엄한 사원들, 위대한 지구globe 그 자체. 그래, 그것이 물려받은 모든 것이 녹아내려, 사라져가는 이 공허한 가장행렬처럼 구름 한점 뒤로 남기지 않으리라. 우리는 그런 존재이니. 꿈은 만들어지고 우리의 보잘것없는 삶도 잠으로 마무리되는구나.

– 윌리엄 셰익스피어, 〈템페스트〉(1623) 4막 1장

'토성의 육각형'으로
알려진 구름무늬.
NASA의 카시니
우주선이 2016년에
토성의 북극에서 촬영.

**토성에는 뚜렷하게** 각진 모양의 구름 테가 존재하는데 그 형태가 30년 동안 변하지 않았다. 토성의 북극에 있는 이 육각형 모양의 구름은 크기가 엄청나서 변 하나의 길이가 지구의 지름과 비슷하다. 이 형태가 처음 관찰된 것은 1980년대 초반이었다. 이 모양이 제트기류의 경로로부터 나온 것임이 알려져 있지만 이런 규칙적인 무늬를 갖게 된 이유에 대해서는 아직 명확한 합의가 이루어지지 않고 있다. 설명이야 어찌 되었든 간에 토성의 육각형Saturn's hexagon은 혼돈의 구름으로부터 질서가 등장하는 보기 드문 사례다.

마스든 하틀리,
〈뉴멕시코 리콜렉션
#12〉(1922-1923).
– Minnie Biggs
(4,330번 회원)

〈뉴멕시코 리콜렉션 #12〉이라는 이 그림은 미국의 모더니즘 화가 마스든 하틀리의 작품이다. 화가가 베를린에 살던 1920년대 초반에 미국 뉴멕시코주의 무미건조한 풍경에 대한 기억을 바탕으로 그린 일련의 작품 중 하나다. 그는 뉴멕시코를 '본질적으로 조각적인 고장'으로 묘사했다. 정형화된 지형 위로 하틀리는 겹겹이 쌓인 렌즈구름으로 보이는 것을 표현해 놓았다. 구름 원반이 겹겹이 포개져 있는 듯한 이런 유형의 구름이 그의 기억에 남아 있었다는 것은 아주 말이 된다. 이런 구름은 기억에 가장 선명하게 남는 유형 중 하나이고, 모든 형태의 구름 중에서도 가장 조각적이라는 데 의심의 여지가 없기 때문이다.

동틀 무렵 과테말라
해안 위로 아침 햇살을
받은 구름.
국제우주정거장에
탑승한 우주비행사가
바로 위에서 바라본
모습이다.

**구름의 색은 그 구름을** 직접 비추는 햇빛의 색에 크게 좌우된
다. 그리고 햇빛의 색은 그 빛이 대기를 어떤 경로로 통과했으
냐에 크게 좌우된다. 대기는 빛의 스펙트럼에서 붉은 계열의
빛보다 파란 계열의 빛을 더 많이 흩트린다. 이 사진을 보면
낮은 적운과 층적운은 분홍색으로 보이는 반면, 적란운의 높
은 꼭대기는 흰색으로 보인다. 하층운을 비추는 아침 햇빛은
각도가 낮아서 공기 밀도가 높은 하부 대기층을 관통한다. 그
과정에서 파란색 계열의 파장이 흩어져버리기 때문에 하층운
에 도달한 빛은 복숭앗빛을 띤다. 반면 적란운의 솟구치는 꼭
대기를 비추는 빛은 밀도가 덜한 높은 대기층을 관통하기 때
문에 스펙트럼이 대체로 온전히 보존된다. 그래서 우뚝 솟은
구름 꼭대기는 순수하게 밝은 하얀색으로 보이는 것이다.

27

떠돌이 뭉게구름(적운).
독일 오버바이에른의
조이에른산맥 위에서.
- Rauwerd Roosen

주변을 둘러본다.
그리고 안내자를 찾아야 할 상황이면
떠돌이 구름보다 나은 것이 없다.
길을 잃을 일이 없으니.

- 윌리엄 워즈워스,《서곡》(1850)

멕시코 태평양 연안에서 500킬로미터 떨어진 소코로섬의 바람 방향 바다 적운에 생긴 카르만 소용돌이 행렬. NASA의 아쿠아 인공위성에서 촬영.

**소로코섬은 태평양에** 솟아 있는 화산섬이다. 그 섬의 바람 부는 쪽 바다 적운에 소용돌이 모양이 생겨났다. 이것은 헝가리 계 미국인 수학자이자 물리학자인 시어도어 폰 카르만의 이름을 따서 카르만 소용돌이 행렬von Kármán vortex street이라고 한다. 그는 1910년대에 유체가 뭉툭한 장애물의 둘레로 흐를 때 어떻게 교대하는 진동이 생겨날 수 있는지 설명했다. 바람이 불 때 머리 위 전깃줄에서 웅웅거리는 소리가 나는 것도 이 현상 때문이다. 그리고 바다 위로 혼자 불쑥 튀어나온 화산이 구름에 회전을 먹일 수 있는 것도 이 현상으로 설명이 가능하다.

무지개 조각.
스페인 안달루시아의
시에라알미하라산맥
위로 내린 소나기에서
촬영.
– Rodney Jones
(15,695번 회원)

**가끔 소나기가** 하늘을 충분히 덮지 못해 완전한 꼴을 갖추지 못한 무지개가 만들어질 때도 있다. 이날 저녁 소나기의 무지개는 둥근 곡선보다는 사각형에 가까워 보인다.

**틈새층상고적운**Altocumulus stratiformis perlucidus이라는 구름 이름은 이렇게 만들어진다. 우선 '고적운Altocumulus'은 속屬을 가리킨다. 속은 대부분의 구름을 분류할 수 있는 열 가지 주요 유형 중 하나다. 고적운 속은 대류권의 중간 높이에 생기는 덩어리 모양의 구름을 말한다. '층상Stratiformis'은 종種 이름인데, 구름 덩어리의 층이 하늘에 넓게 펼쳐져 있다는 의미다. '틈새 Perlucidus'는 변종變種 이름으로, 구름 덩어리들이 이어진 하나의 층을 이루기보다는 덩어리 사이사이에 간격이 있음을 의미한다. 바꿔 말하면 '하늘에 넓게 펼쳐진, 예쁘게 피어오른 구름 덩어리'라는 의미다. 하지만 이것을 라틴어나 한자로 표현하면 딱딱하게 들린다.

미국 코네티컷주
뉴헤이븐의 예일영국
미술관 Yale Center for
British Art에 소장된
존 컨스터블의
구름 습작 14점 중 8점.
– Mark Richardson
(42,827번 회원)

1820년에서 1822년까지 영국의 낭만주의 풍경화가 존 컨스
터블은 땅은 아예 생략해버리고 오로지 하늘에만 집중해 수
많은 구름 습작을 남겼다. 이것은 하늘을 재빠르게 스케치한
것들로, 결코 전시를 염두에 두고 그린 그림은 아니었다. 그의
유명한 풍경화보다 훨씬 느슨하고 자유롭게 작은 캔버스 위
에 그려놓은 이 그림들은 하늘의 기분을 묘사하려는 컨스터
블의 실험이다. 1821년에 친구 존 피셔에게 보낸 편지에 적었
듯이, 컨스터블은 풍경화에서 하늘을 '가장 중요한 정서 기관'
이자, 장면에 감정과 드라마를 불어넣는 '으뜸음'이라 여겼다.

방사고적운.
미국 뉴욕시의
프로스펙트 파크.
- Elise Bloustein
(41,703번 회원)

**방사구름**radiatus은 구름이 평행한 선이나 두루마리의 형태로 하늘에 워낙 넓게 펼쳐져 있어서 마치 지평선의 한 점에서 뻗어 나오는 것처럼 보이는 경우를 말한다. 이것은 나란히 뻗어 있는 철도가 멀리서는 마치 한 점으로 모이는 것처럼 보이는 원근 효과의 공중 버전일 뿐이다.

유방구름. 프랑스
아키텐의 페레곳.
- Katalin Vancsura
(30,830번 회원)

**주머니처럼 생긴** 이 돌출된 구름은 유방구름mamma cloud이
라고 한다. 이런 구름이 형성되는 정확한 메커니즘은 완전히
이해되지 않고 있다. 어쩌면 구름 속 얼음 결정이 녹으면서 위
쪽 구름층 안에서 공기가 냉각되는 것과 관련이 있을지도 모
른다. 냉각되면서 공기가 밀도가 높아져 아래로 가라앉게 되
고, 이렇게 하강하는 공기가 주머니 형태를 만들어내는지도
모른다.

**그림자광륜**glory은 태양이 관찰자의 뒤쪽에서 앞쪽으로 구름층에 햇빛을 비출 때 나타날 수 있다. 햇빛이 구름의 물방울에 반사되면서 회절되기 때문에 관찰자의 그림자 주위로 색을 띤 테가 나타난다. 이 효과를 등산가들은 '브로켄의 요괴Brocken spectre'라고도 부른다. 등산가들은 구름 위로 산을 오르다가 가끔 이것을 본다. 요즘에 그림자광륜을 보기 제일 쉬운 곳은 비행기 창가다. 비행기가 아래쪽 구름에 그림자를 드리울 때는 그림자광륜을 찾아보자. 광학법칙에 따르면 이 색깔 테의 중심이 비행기 속 당신의 위치가 된다. 따라서 항공기 그림자광륜 사진을 보면 그 구름추적자가 어디에 앉아 있었는지 확인할 수 있다. 위쪽 사진에서는 날개 바로 뒷좌석이, 아래쪽 사진에서는 조종석이 구름추적자의 위치이다.

**위쪽:** 벨기에 에노Hainaut주 앙기앙 상공에서 촬영. - Ram Broekaert
**아래쪽:** 제네바 공항에 접근하던 중 항공기 조종석에서 촬영.
- Richard Ghorbal(5,117번 회원)

비를 퍼부으며 다가오는 폭풍계storm system. 사진 왼쪽 위 부분에서 적란운의 먹구름 꼭대기가 옆으로 퍼져나가는 모습이 보인다. 공기부양선의 스커트처럼 보이는 구름의 아래쪽 가장자리는 아치구름arcus으로 불린다. 선반구름이라고도 하는데, 이것은 멀리서도 보이는 폭풍의 강수로 인해 땅이나 바다의 표면으로 끌려 내려온 차가운 공기가 바깥쪽으로 벌어지면서, 폭풍 앞에 놓인 더 온난다습하고 밀도가 낮은 공기 아래를 파고드는 곳이다. 이 공기가 올라가면서 폭풍의 앞쪽으로부터 뻗어 나오는 구름의 아랫부분을 만들어낸다. 이 부분은 낮게 깔려서 대단히 위협적으로 보이며, 폭우가 쏟아질 것을 예고한다.

적란운 바닥에 등장한
아치구름. 호주
퀸즐랜드주 모어틴만.
– Ebony Willson

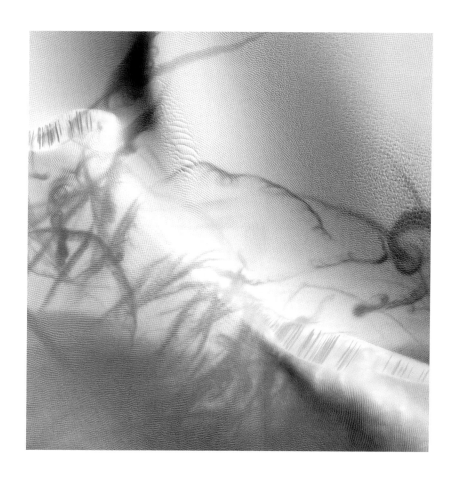

화성 표면에서 발견된
회오리모래바람의
흔적. NASA의
화성정찰위성에 실린
하이라이즈 카메라
HiRISE camera가
찍은 것이다.

이것은 누군가의 배꼽 문신 사진을 확대한 것이 아니라 먼지
악마dust devil(회오리모래바람)가 화성 표면에 새겨놓은 구불구
불한 흔적을 촬영한 사진이다. 이 화성의 회오리바람은 높이
가 수 킬로미터에 이르고 폭도 몇 미터까지 커지기 때문에 그
앞에서 지구의 회오리바람은 초라해 보인다. 이 회오리바람
은 소형 번개가 칠 정도의 빠른 속도로 먼지와 모래를 회전시
킨다. 한번은 그런 회오리바람이 불어서 화성탐사로봇 스피
릿Spirit의 태양전지판을 깨끗하게 닦아주는 착한 일도 했다.
그 덕에 이후 스피릿의 전력공급량이 극적으로 늘었다.

카스파르 다비트 프리드리히가 그린 〈달빛 드리운 해변〉(1835-1836년경)에
묘사된 거친물결구름.

2017년에 세계기상기구에서 거친물결구름asperitas이 새로운 분류로 받아들여졌을 때 모두
들 이 형태 자체가 새로운 것인지 그냥 이름만 새로 붙인 것인지 물어봤다. 처음에 이것을
새로운 분류로 제안할 때 우리는 이 형태가 드물기는 하지만 항상 존재해왔다고 주장했다.
이제는 스마트폰만 있으면 누구든 구름 사진을 찍어 우리에게 보내줄 수 있었기 때문에 우
리는 기존에 놓치고 있었던 구름의 패턴을 찾아낼 수 있었다. 독일의 화가 카스파르 다비트
프리드리히는 1835년에 거친물결구름을 추적해냈는데, 당시에는 스마트폰이 없었기 때문
에 이 구름을 〈달빛 드리운 해변〉이라는 그림에 묘사해놓았다. 만약 구름감상협회가 1835년
에도 존재했더라면 프리드리히 역시 자신이 추적한 거친물결구름을 우리 앞으로 보냈으리
라 생각하고 싶다. 그럼 그 그림이 현재의 우리 모임에 큰돈이 되었을 것이다. 물론 우리는
바보같이 그 그림을 세계기상기구에 그대로 넘겨주었을 테지만.

자개구름. 아일랜드 킬데어주 커러.
- Kelly Hamilton(15,098번 회원)

**한겨울은 일 년 중** 자개구름nacreous cloud을 추적하기 제일 좋은 때다. 극지방 성층권 구름 polar stratospheric cloud이라고도 하는 이 구름은 일반적인 날씨 구름weather cloud보다 훨씬 높은 고도인 15-20킬로미터 높이에서 형성된다. 이 높이는 성층권 내부에 해당한다. 이 구름은 일반적으로 위도 50도 이상의 지역에서만 관찰된다. 자개구름은 높이가 워낙 높아서 태양이 지평선 아래로 내려간 상태에서도 햇빛을 받을 수 있다. 그래서 일출 전이나 일몰 후 한두 시간 사이에 어두운 하늘을 배경으로 제일 밝게 보인다. 이때는 하늘의 아래쪽 부분인 대류권이 그늘에 들어가 있을 때다. 산acid과 물의 서로 다른 조합으로 구성될 수 있는 구름 입자들이 햇빛을 회절시켜 아름다운 파스텔 색조의 띠로 분리해준다. 이 구름이 진주의 어머니 구름이라는 뜻의 '진주모운mother-of-pearl cloud'으로 불리는 것도 이상하지 않다.

갈퀴권운. 남아프리카
공화국 케이프타운
코메끼Kommetjie.
- Sarah Nicholson

일반인들이 하늘에 대해 아는 것이 거의 없다니, 그것
참 이상한 일이다. 하늘은 자연이 인간을 기쁘게 하기
위해, 그리고 인간과 대화하고 인간을 가르치겠다는 하
나뿐인 자명한 목적을 위해 다른 그 어떤 곳보다도 더
신경을 써서 창조한 부분이다. 그런데 우리가 자연에서
제일 신경을 안 쓰는 데가 바로 하늘이다.

- 존 러스킨,《근대화가론Modern Painters》(1843), 1권 3절.

NASA의 주노 우주탐사선에 설치된 주노캠JunoCam에서 얻은 데이터를 이용해서
비요른 욘손이 색상강화 처리한 목성의 구름 꼭대기.

**대행성인 목성은** 태양계에서 가장 거대한 대기를 갖고 있다. 목성은 암모니아 결정 구름으로 영구적으로 뒤덮여 있는데, 그 아래로는 얇은 수분 구름층이 숨어 있을지도 모른다. 이 구름은 밝은 색조의 대zone와 어두운 색조의 띠belt로 배열되어 있다. 대와 띠는 시속 360킬로미터 정도의 속도로 서로 반대 방향으로 목성 주위를 돌고 있다. 이 충돌하는 순환 패턴 사이의 상호작용이 난류를 만드는데, 이 난류가 거대한 폭풍계로 발달할 수 있다. 목성에서 가장 유명한 폭풍은 대적점Great Red Spot이지만 그보다 작은 이름 없는 폭풍도 많다. 이런 폭풍들이 끝없이 움직이는 구름의 소용돌이 속에서 갈색이나 하얀색의 타원형으로 나타나고 있다. 어떤 폭풍은 몇 시간만 지속되지만, 어떤 것은 수백 년 동안 지속되기도 한다.

홍콩을 뒤덮은
이류안개. 폭푸람
저수지 트레일.
- David Law

안개는 고양이 걸음으로
살금살금 다가와

조용히 웅크리고 앉아
항구와 도시를 굽어보다
결국 자리를 뜬다.

- 칼 샌드버그, 〈안개〉, 《시카고 시집》.

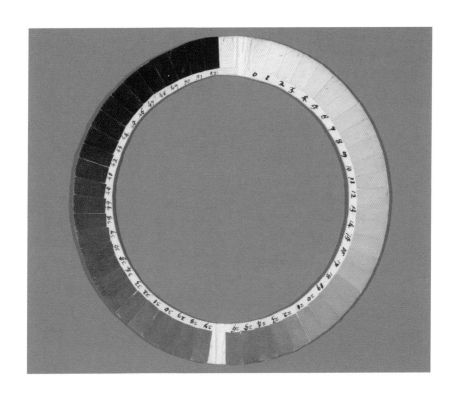

소쉬르의 시안계. 하늘의 푸름을 측정하기 위해 고안된 것으로
지금은 스위스 제네바 도서관에 보관되어 있다.

시안계cyanometer는 1789년에 스위스의 물리학자이자 등반가인 오라스 베네딕트 드 소쉬
르가 하늘의 푸름을 조사하는 데 사용할 목적으로 발명했다. 그는 감청색Prussian blue 물감
과 검정 물감을 각각 다른 비율로 섞어 종이에 칠해서 하얀색에서 검은색까지 구분 가능한
모든 색조의 푸름을 만들어내려 했다. 그렇게 숫자를 표시한 53가지 카드를 원형으로 배열
해 이 원을 눈에서 표준거리만큼 떨어트려 바라볼 수 있게 했다. 이 색조들을 이용해서 구
름 없는 맑은 하늘의 푸름에 점수를 매길 수 있었다. 그의 시안계는 헐거운 조각들로 만든
프로토타입 제품이었는데 그것으로 몽블랑의 하늘을 측정해보니 푸름이 39점 나왔다. 제
네바 주변의 하늘은 소쉬르가 1787년에 등반했던 몽블랑산 정상에서 본 하늘과 비교하면
상대적으로 색이 옅었다. 소쉬르는 하늘의 색이 대기에 들어 있는 물방울과 얼음 결정에 좌
우된다는 이론을 내놓았다. 그리고 그의 말은 완벽하게 옳은 것으로 밝혀졌다.

**빈센트 반 고흐의** 걸작 〈별이 빛나는 밤〉의 하늘을 가득 채우고 있는 인상주의적인 소용돌이의 의미를 두고 어떤 사람들은 그 당시에 새로 등장한 강력한 망원경을 통해 관찰해 그린 은하계의 초기 그림에서 영감을 받은 것이라 말한다. 또 어떤 사람은 이 소용돌이가 프랑스 생레미드프로방스에서 연중 상당 기간 동안 가차 없이 불어대는 사나운 미스트랄(프랑스 남부 지방에서 주로 겨울에 부는 춥고 거센 바람—옮긴이)을 나타낸다고 추측한다. 고흐가 그곳의 정신병원에서 정신적으로 무너져버린 이유가 바로 이 바람 때문이라는 것이다. 우리는 여기에 세 번째 가능성을 추가하고 싶다. 혹시 정신질환이 이 화가에게 구름을 추적할 수 있는 또렷한 의식을 일시적으로 불어넣어준 것은 아닐까? 혹시 그는 물결구름, 즉 켈빈-헬름홀츠 파동 구름의 거친 소용돌이를 묘사한 최초의 인물이 아닐까? 그레그 도슨이 뉴질랜드에서 촬영한 이 구름은 윈드시어 때문에 생긴 수평 소용돌이의 결과이다. 알피유산맥처럼 반 고흐의 생폴 정신병원 창가에서도 보였을 언덕과 낮은 산의 위쪽은 이런 구름이 생겨나기에 완벽한 조건이 된다.

**위쪽:** 2016년 2월 뉴질랜드 크라이스트처치.
- Greg Dowson(15,705번 회원).
**아래쪽:** 1889년 6월 프랑스 생레미드프로방스.
- 빈센트 반 고흐(우리 회원은 아님)

조각적운 하나가 캐나다 온타리오 상공에 자리 잡고 있다.

- Althea Pearson(38,865번 회원)

**구름에 이름을** 붙여주는 경우는 흔치 않지만 이 적란운 먹구름은 이름을 갖고 있다. 이 구름은 '헥터 더 컨벡터Hector the Convector'로 불리며 호주 다윈 북쪽 티위 아일랜드에서 9월에서 3월 사이에 거의 매일 오후마다 생긴다. 이 구름은 크기가 거대해서 고도 20킬로미터까지 자랄 때도 많다. 헥터라는 이름은 2차 세계대전 때 어느 비행사가 지어줬다. 이 구름의 위치가 워낙 안정적이어서 비행할 때 먼 거리에서도 보이는 천연의 운항표지 역할을 해주었기 때문이다.

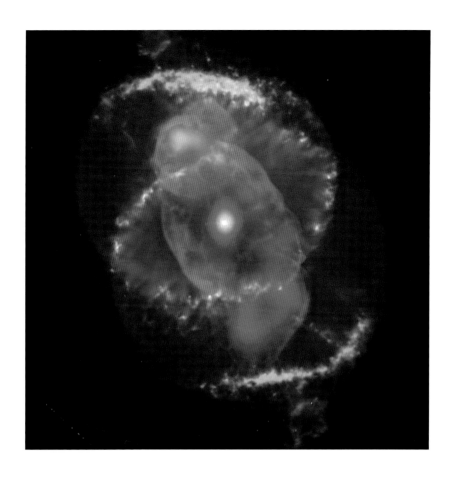

허블 우주망원경에서
촬영한
'고양이 눈 성운'.

**성운**nebula은 먼지, 수소, 헬륨, 기타 이온화된 기체로 이루어진 성간구름interstellar cloud이다. 허블 우주망원경에서 포착한 이 특별한 성운은 죽어가는 뜨거운 항성의 영향을 보여주고 있으며, '고양이 눈 성운Cat's Eye Nebula'이라는 별명이 붙었다. 북반구에서 볼 수 있는 이 성운은 큰곰자리와 작은곰자리 사이의 용자리Draco constellation에 들어 있다. 이 사진은 필터를 이용해서 가까이서 보였을 색깔을 재현하고 여러 장의 사진을 이어 붙여 만든 것이다.

방사형구름. NASA의
테라 위성에서 촬영한
바다 층적운 안에서
발견.

**방사형구름을 찾으려면** 우주비행사가 되거나 아니면… 위성
이 되어야 한다. 외양外洋 위에 낀 층운이나 층적운에서 방사
형으로 퍼지는 이파리 무늬가 생길 수 있지만 이 무늬의 크기
가 워낙 크기 때문에 아래서 보아서는 구분이 불가능하다. 이
무늬의 너비는 보통 80-300킬로미터에 이른다. '광선'을 의미
하는 그리스어에서 이름이 유래한 'actinoform cloud(방사형
구름)'는 1960년대가 되어서야 초기 인공위성 사진에서 그 독
특한 무늬가 확인되었다. 바다 구름이 이런 방사형 구조로 배
열되는 이유나 이런 무늬가 꽤 흔히 발견되는 이유는 아직 제
대로 밝혀지지 않았다.

얽힌권운Cirrus intortus.
남아프리카공화국
케이프타운.

- Hetta Gouse

산으로 가는 것이
곧 집으로 돌아가는 것임을
문명사회에 질린 지치고 힘든
사람들이 알기 시작했다.
우리에게 야생의 자연은
없어서는 안 될 것이다.

- 존 뮤어, 《우리의 국립공원》

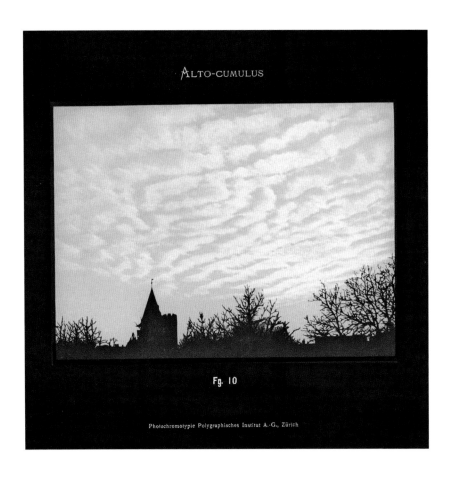

ALTO-CUMULUS

Fg. 10

Photochromotypie Polygraphisches Institut A.-G., Zürich

고적운.
《국제구름도감》
1판에서.

**손으로 추가 채색한** 이 고적운 구름 사진은《국제구름도감》1판에 나온 것이다. 이 도감은 국제 구름의 해로 선정된 1896년에 하늘을 관찰하는 사람들을 위해 발표된 선구적인 참고자료로, '구름위원회'라는 초기 기상학자 팀이 만들었다. 영어, 불어, 독일어로 번역된 이 도감에는 리본으로 철한 서류첩의 낱장 인쇄물에 사진으로 포착한 주요 구름 유형이 포함되어 있다. 이 도감은 날씨 관찰자를 위한 참고자료로 사진이 사용된 최초의 사례다. 요즘엔《국제구름도감》을 세계기상기구에서 발행한다. 가장 최근에 나온 2017년 판은 국제 구름의 해 이후 121년 만에 처음으로 온라인으로 선보였다.

엷은 권층운이 만들어내는 수평무지개. 미국 버몬트주 피챔.
– Mike Brown(23,955번 회원)

**무지개하고 비슷한데** 수평으로 납작한 것을 보았다면 수평무지개circumhorizon arc를 보았을 가능성이 높다. 이 광학효과는 하늘에 있는 얼음 결정이 작은 프리즘처럼 작용해서 빛을 굴절, 반사시킬 때 생긴다. 그럼 지평선에 평행한, 밝고 납작한 색의 띠가 나타난다. 제일 위쪽 빨간색에서 바닥의 쪽빛까지 다양한 색깔로 나타나는 수평무지개는 하늘 높이 떠 있는 태양보다 한참 아래쪽에 나타난다. 사실 수평무지개는 태양이 지평선에서 58도 이상의 각도로 아주 높이 떠 있을 때만 형성될 수 있다. 즉, 이것은 여름에 지구의 일부 지역에서만 생기는 광학현상이다. 한여름이라고 해도 위도 55도 이하인 지역에서만 수평무지개가 보일 만큼 해가 높이 뜬다. 이 납작한 무지개가 케냐 나이로비에서는 흔하고, 시애틀에서는 드물게라도 보이지만, 코펜하겐에서 보았다는 얘기는 들을 수 없는 것도 이 때문이다.

루크 하워드의 구름 습작과 에드워드 케니온의 시골 풍경화
(1808-1811년경).

**당시에는 '적층운**Cumulo-stratus'**으로** 불렸던 이 구름은 루크 하워드가 그렸다. 약사이자 퀘이커 교도였던 그는 19세기가 동터올 무렵 구름에 이름을 붙이는 주인공이 된다. 하워드는 영국에 살았다. 1802년에 그는 과학 토론 클럽에서 강연을 하면서 동물과 식물의 분류에 사용하는 것과 비슷하게 라틴어로 된 구름의 분류 체계를 사용할 것을 주장했다. 적운 Cumulus, 층운Stratus, 권운Cirrus 같은 이름과 함께 중간 형태나 과도기 형태를 지칭하기 위해 '권적운Cirro-cumulus' 같은 복합 용어도 제안했다. 하워드의 강연, 그리고 그 뒤에 나온 논설과 소론은 오늘날까지도 사용하고 있는 구름 명명 체계의 토대를 닦았다. 그가 이 수채화를 혼자 그린 것은 아니다. 풍경 그림은 전문 화가였던 에드워드 케니온이 덧그려 넣었다. 하늘을 부를 새로운 언어를 만들어낸 이 아마추어 기상학자가 땅을 그리는 솜씨는 형편없었던 것이다.

관통당한 하트. 잉글랜드 에식스, 스탠스테드 공항.
- Sim Richardson

모루구름.
국제우주정거장에
탑승한 우주비행사
팀 피크가 2016년에
촬영.

**모루구름**anvil cloud, incus은 적란운 뇌우에서 폭풍의 상승기류가 대류권계면을 만났을 때 구름 위쪽이 모루처럼 밖으로 퍼져나가면서 형성된다. 대류권계면은 아래 있는 대류권과 위에 있는 성층권 사이의 경계 영역이다. 상승하던 기류가 이 고도에 도달하면 고도에 따른 기온 변화 때문에 더 오르지 못하고 막히는 경향이 있다. 하지만 상승기류가 충분히 강한 경우에는 대류권계면의 보이지 않는 천장을 뚫고 올라가 이 사진처럼 구름 꼭대기가 솟아난 형태가 만들어질 수 있다. 이렇게 꼭대기가 대류권계면을 뚫고 솟아오를 정도의 폭풍이라면 대단히 격렬한 것이다. 이 정도로 큰 에너지가 실린 상승기류라면 만만찮은 우박의 무게도 감당할 수 있다.

말굽꼴 소용돌이 구름.
호주 빅토리아주
벤디고.
- Katrina Whelen

**말굽꼴 소용돌이 구름**은 순식간에 생겼다 사라지는 수수께끼 같은 구름이다. 이 구름은 수평의 공기 소용돌이 안에서 형성되는 미세하고 납작한 구름으로 시작한다. 이 수평 소용돌이는 상승기류라는 보이지 않는 공기 기둥이 위로 올라가다가 그 위로 지나는 옆바람을 만나 휘어질 때 생겨난다. 조건이 딱 맞아떨어지는 경우에는 소용돌이의 중심을 따라 생기는 저기압 안에서 온도가 떨어지면서 구름의 물방울이 형성된다. 이 상황에서 아래쪽 상승기류가 계속 위로 밀어붙이면 회전하는 구름의 중간 부분이 들려 비틀어져 말굽 모양이 된다. 아니면 떠다니는 콧수염 모양? 아니면 드라큘라의 틀니 모양?

에드워드 호퍼,
〈큰 파도〉(1939).

**미국의 사실주의 화가** 에드워드 호퍼는 상층운을 사랑했다. 1939년에 그린 〈큰 파도〉에서 그는 하늘을 제트기류 권운으로 꾸몄다. 이 권운은 구불거리며 지구를 감고 있는 강한 바람의 띠를 보여주고 있다. 제트기류는 폭풍 발생을 돕고, 폭풍이 온대지방을 서쪽에서 동쪽으로 가로지르도록 조종하는 역할을 한다. 제트기류의 가장자리를 따라 생기는 격렬한 윈드시어가 이 상층운을 줄 또는 조각의 형태로 내몰아 제트기류 방향을 따라 줄지어 배열시킨다. 1933년에 호퍼는 이렇게 적었다. "내가 그림을 그리는 목적은 언제나 내가 자연에서 받은 가장 내밀한 인상을 최대한 정확하게 화폭에 옮기는 것이었다."

무지개에서
평상시에는 절대로
보이지 않는 부분.
캐나다 온타리오주
동부 상공.
- Debra Ceravolo

**모든 무지개는** 완벽한 원의 형태를 이룰 수 있는 잠재력을 갖고 있다. 그런데도 우리 눈에 반원의 무지개만 보이는 이유는 그 아래쪽 절반이 땅에 가리기 때문이다. 무지개를 통째로 보려면 아주 높은 빌딩이나 절벽 가장자리처럼 위쪽에서 보아야 한다. 아니면 데브라 체라볼로처럼 캐나다의 야생 숲 위를 소형 비행기를 타고 날면서 유리창 너머로 바라보거나.

여러 구름이 뒤섞인
하늘. 프랑스
오트마른,
콜롱베레슈아즐.
- Karin Enser
(43,050번 회원)

**이 복잡한 하늘은** 멀리 떨어진 적란운 꼭대기에서 발생한 탑상층적운Stratocumulus castellanus과 권층운이었는지도 모르겠다. 거기에 덤으로 부챗살빛crepuscular ray이라는 광학효과도 나타났다. 낭만주의 시인 퍼시 비시 셸리는 1813년의 시 〈맵여왕〉에서 이 구름을 다르게 표현했다. "깊은 보라색 그늘이 드리운 / 깃털 같은 금색의 먼 구름들이 / 검푸른 바다 위의 섬처럼 빛나고 있네."

**위쪽:** 번개맨이 바하마를 살금살금 가로질러 걷다가 들켰다.
– Michael Sharp(19,947번 회원).

**왼쪽:** 섬세한 권운의 떼가 캔버스 위의 붓놀림처럼 하늘을 쓸어내고 있다. 남아프리카 서부 해안 상공. 국제우주정거장에 탑승한 사령관 알렉산더 게르스트가 촬영.

앙리 루소, 〈비에브르쉬르장티의 풍경〉(1895년경)

**두터운 회색 구름층인** 난층운Nimbostratus이 흩어지면서 그 틈새로 파란 하늘이 보이기 시작하면 어지럽게 조각난 하늘이 드러나기도 한다. 프랑스의 후기인상파 화가 앙리 루소가 여기 묘사해놓은 하늘이 그렇다. 특색 없이 진회색 담요처럼 덮여 있던 난층운이 서로 다른 고도에서 여러 다발로 찢어져 있다. 루소가 그려놓은 풍경은 가시성이 좋은 상황인 듯하다. 이것은 단지 루소의 그림 스타일 때문이 아니다. 난층운에서 오래도록 비가 내리고 나면 아래쪽 대기가 훨씬 맑아진다. 비구름에서 떨어지는 강수에 공기 중에 떠다니던 먼지들이 모두 땅으로 씻겨 내려오기 때문이다. 구름이 자연의 공기정화기처럼 작동하는 셈이다. 비가 그치고 난층운이 층적운으로 흩어지고 나면 결정처럼 맑고 시원해진 공기 사이로 가을의 색이 훨씬 더 생생하게 드러난다.

변덕스러운 권운이 춤을 추며 호주의 중심부를
가로지르고 있다. 호주 노던주 앨리스스프링스.

- Chris Devonport

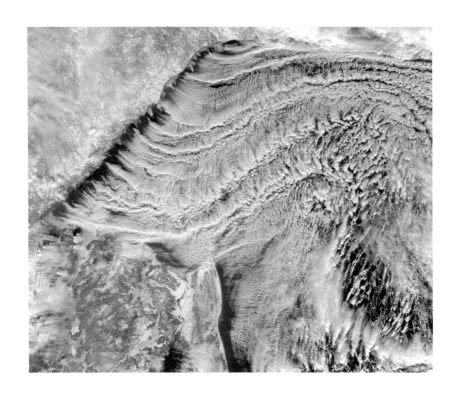

러시아 동부 오호츠크해 상공의 구름줄기.
NASA의 테라 위성에서 촬영.

**러시아 북동부의** 얼어붙은 불모지 위를 불어가던 차가운 바람이 오호츠크해를 만나면 구름줄기cloud street라는 광범위한 구름의 줄이 형성된다. 바다는 육지보다 분명 더 따뜻하기 때문에 낮은 층의 공기가 바다와 접촉하면서 따뜻한 습기를 머금게 된다. 이 따뜻한 공기가 그 위를 덮고 있는 차가운 공기를 한꺼번에 뚫고 올라갈 수는 없기 때문에 각각의 세포cell로 나뉘어 상승기류가 만들어지고, 이 상승기류 세포에서 구름이 형성된다. 반대로 공기가 강하하는 영역이 세포와 세포 사이를 나누는데 이 영역은 하늘이 더 맑게 보인다. 공기가 넓게 흐르면서 바람의 방향에 나란하게 길고 질서정연한 대류의 줄무늬가 그려진다. 이런 구름을 아래서 바라본 모습을 표현할 때는 '방사구름radiatus'이라는 용어를 사용한다. 원근 효과 때문에 평행한 구름의 줄이 지평선 위의 한 점에서 방사해 나오는 것처럼 보이기 때문이다. 이 인공위성 사진처럼 위에서 보면 구름줄기는 하늘의 다차선 고속도로처럼 보인다.

미국 샌프란시스코
오션비치의 노을에
물든 적운.
- Joan Laurino
(37,460번 회원)

죽은 자는 죽는 게 아니라
비탄과 환희의 상속자 근처에 머무는 것이라고들 한다.
나는 그들이 이렇게 잔잔한 중천에
올라탄 것이라 생각한다.
그들은 현명하고 장엄하고 구슬픈 기차 속에서
달을, 아직도 거칠게 몰아치는 바다를
땅위에서 오가는 사람들을 지켜본다.

- 루퍼트 브룩, 〈구름〉, 《시선집》(1916)

옅은 권층운 층 속의 얼음 결정에 의해 형성된 천정호.
미국 캘리포니아주 로스앤젤레스. – Christine Alico(30,559번 회원)

'하늘의 미소smile in the sky'라고 불리기도 하는 천정호circum-zenithal arc는 거꾸로 뒤집은 무지개처럼 보이는 광학효과다. 사실 이것은 일종의 무리halo 현상이다. 빗방울에 의해 생기는 것이 아니라 구름의 얼음 결정을 통과하면서 햇빛이 굴절되어 만들어지는 현상이라는 말이다. 천정호의 색은 무지개의 색보다 더 밝고 강렬하다. 이처럼 눈에 확 띄는 광학효과를 사람들이 잘 알지 못하는 이유가 궁금할지도 모르겠다. 이유 중 하나는 이것이 생기는 위치 때문이다. 지평선 근처 낮은 곳에 생기는 무지개와 달리 천정호는 머리 위 높은 곳에 나타난다. 천정점zenith, 天頂點 주변으로 생기는 원의 일부로 자리 잡고 있기 때문에 사람들은 이 광학현상을 못 보고 지나치는 것이다. 물론 구름추적자의 눈은 피할 수 없겠지만!

아침이 되었는데도 미국 몬태나주의 롤로 피크는
안락한 파상층운stratus undulatus 이불을 뒤집어쓰고
일어날 생각을 안 한다.
− Michael Schwartz(26,947번 회원)

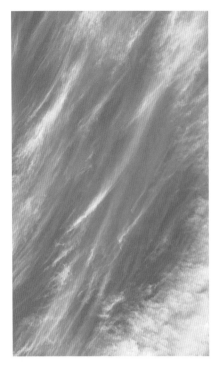

**구름마니아에게 성가신** 도전과제 중 하나는 평행하게 줄줄이 늘어선 두 구름 형태를 구분하는 것이다. 왼쪽 사진은 명주실권운이고 오른쪽 사진은 파상고적운undulatus이다. 양쪽 구름 모두 줄줄이 배열되어 있는데 무엇이 무엇인지 어떻게 알 수 있을까? 본질적인 차이는 구름 방향과 바람 방향에 있다. 명주실권운의 경우는 구름 섬유의 방향이 구름의 고도에서 부는 바람의 방향과 평행하다. 반면 파상고적운의 경우에는 구름의 마루가 바람의 방향에 직각으로 뻗어 있다. 이런 차이가 구름의 겉모습에도 영향을 미친다. 명주실권운에서는 구름의 가닥을 바람에 날리는 머리카락으로, 파상고적운에서는 구름의 줄을 바다의 파도라 생각하면 된다. 아니면 맨발로 바닷가 모래사장을 산책할 때 발밑에 느껴지는 모래의 결이라 생각하거나.

**잉글랜드 서리주 고달밍의** 성베드로·바오로 교회 건물은 노르만 정복 직후인 1100년경에 지어져 900년 넘게 살아남았다. 그 위로 마치 첨탑 위에 걸터앉은 듯 적운이 떠 있다. 이 구름은 사라지는 과정에서 그 가장자리가 조각조각 흐트러진 모양이 된다고 해서 조각구름이라는 종명이 붙었다. 이 구름은 오래 살아남는다고 해도 10분을 넘기기 힘들 것이다.

**비행기의 창문은** 항상 구름을 새로운 시점에서 바라볼 수 있는 기회를 제공해준다. 미국 화가 조지아 오키프는 1950년대 후반에 비행기를 타고 다니면서 특히나 구름에 영감을 받았다. 그녀는 비행기 창으로 보이는 풍경을 바탕으로 〈구름 위에서〉라는 연작을 그렸다. 이 첫 번째 작품은 표준 크기(0.9×1.2m)의 캔버스에 그려졌지만, 하늘 위에서 바라본 거대하게 펼쳐진 구름을 화폭에 담으려는 열망으로, 그녀는 〈구름 위에서 4〉를 7.3미터짜리 화폭에 그렸다. 그 그림은 원래 1970년에 샌프란시스코 현대미술관에 전시될 예정이었으나 결국 그렇게 되지 못했다. 박물관 문을 통과할 수 없었기 때문이다.

고적운에 달린
꼬리구름.
이탈리아 아트라니.
- Frieder Wolfart
(42,997번 회원)

**이 해파리 구름에** 덩굴손처럼 매달려 있는 것을 꼬리구름virga
이라고 한다. 이것은 떨어지는 얼음 결정이 남기는 줄무늬로,
이 얼음 결정은 따듯하고 건조한 아래쪽 공기를 만나면서 증
발해 사라진다. 이 얼음 결정의 소나기가 땅까지 내려왔다면
이 구름도 강수구름으로 분류되었을 것이다. 하지만 그와 달
리 꼬리구름은 얼음 결정이 대기라는 공기 바다의 잔잔한 흐
름 속을 자유롭게 흘러 다니는 경우를 말한다.

동틀녘의 부챗살빛.
호주 뉴사우스웨일스주
버크 근처
옥슬리 산맥.
– Frank Povah
(46,285번 회원)

언젠가 나는 해를 바라보았다.
저 암흑의 구름에 금박을 씌워
모두 금으로 바꾸어놓는 해를.

– 에드워드 영,《밤 생각》(1742-1745) 중 〈밤 VII〉에서

권층운과 고적운.
모로코 메르조가의
모래언덕.
- Jelte Vredenbregt
(35,462번 회원)

**사하라 사막** 에르그세비의 오르고 내리는 모래언덕 위로 흐릿한 권층운 밭이 펼쳐지고 군데군데 고적운이 흩뿌려져 있다. 숨 막힐 정도로 뜨거운 여름 기후에도 하늘에서 서늘한 청명함을 발견할 수 있다는 것이 큰 위안이 되어준다.

다이아몬드 가루에서 발견된 영일. 미국 애리조나주 월넛캐니언.
- Tom Bean(41,135번 회원)

**이 반짝이는 유령은** 자칫하면 초자연적인 존재로 착각하기 쉽지만 그 원리는 사실 간단하다. 이 영일映日, sub-sun은 다이아몬드 가루diamond dust라는 얼음 결정 안개에서 햇빛이 반사된 것이다. 바람이 잔잔하고 기온이 섭씨 영하 20도 아래로 내려가는 아주 추운 곳에서는 순식간에 낮은 고도에서 얼음 결정이 만들어질 수 있다. 이런 조건에서는 공기 중에 있던 수증기가 미세한 얼음 조각으로 얼어붙는다. 다이아몬드 가루는 (고도만 빼면) 권운과 공통점이 많다. 높은 곳에 자리 잡은 권운 사촌처럼 낮은 곳에 자리 잡은 이 얼음 안개도 얼음 결정이 햇빛을 굴절시키고 반사하기 때문에 다양한 광학효과를 낼 수 있다. 영일은 다이아몬드 가루를 아래로 내려다볼 때 생긴다. 이것은 셀 수 없이 많은 작은 얼음 거울의 윗면에서 반사되어 나온 반짝임이 모여서 만들어진, 태양의 흐릿한 상像이다.

**이 구름은 권적운으로,** 열 가지 주요 구름 유형 중 제일 보기 힘든 유형이다. 하층운인 층적운과 중층운인 고적운 층처럼 권적운은 구름 조각cloudlet이라는 여러 개의 개별 구름 덩어리로 구성되어 있다. 이 구름 조각들은 하층운의 구름 조각보다 작아 보이지만 사실은 크기가 같다. 권적운이 하늘에 8-9킬로미터 정도의 고도로 더 높이 떠 있다 보니 땅에서는 하늘에 뿌린 소금 알갱이처럼 작아 보일 뿐이다.

뱅크오브아메리카센터 빌딩의 유리창에서 나오는
사무실의 빛이 도시의 가장 낮은 층운,
즉 안개에 의해 산란되면서 부챗살빛이 형성되었다.
미국 캘리포니아주 샌프란시스코.
– Matt Friedman

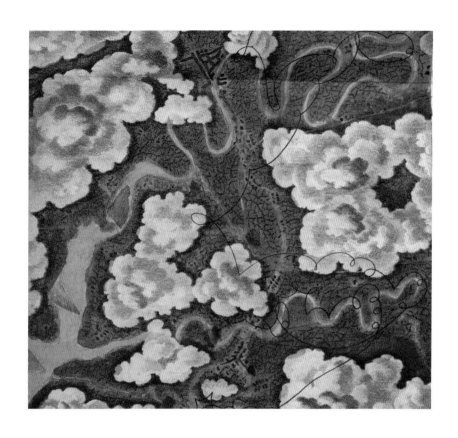

토머스 볼드윈의 책《에어로파이디아》(1786)에 실린 〈구름 위 열기구에서 바라보는 경치〉.

**이 그림은 열기구 바구니에서** 아래를 내려다본 경치가 등장하는 최초의 인쇄물로 믿어지고 있다. 이 장면은 토머스 볼드윈이라는 성직자가 1785년에 잉글랜드 체셔주와 랭커셔주 위를 비행하며 관찰한 것이다. 그는 오랫동안 기구를 타고 하늘로 날아오르는 꿈을 꾸어왔는데, 그곳을 방문한 이탈리아의 열기구 비행 전문가 빈첸초 루나르디가 계획했던 기구 비행을 부상으로 할 수 없게 되자 그에게 기회가 찾아왔다. 볼드윈은 자기가 대신하겠다고 제안했고, 나중에 이 경험을 책으로 펴내어 자세하게 설명하고, 스케치를 바탕으로 제작한 판화도 함께 실었다. 날씨 좋은 날의 뭉게구름과 그 아래로 분홍색의 강과 호수를 내려다보고 있는 이 혁명적인 조감도에는 빙글빙글 도는 검은 선이 그려져 있는데, 이것은 열기구가 변덕스러운 바람에 휩쓸려 다닌 경로를 나타낸다.

솟구쳐 오르는
적운에서 부처의
모습이 보인다.
미국 플로리다주
네이플스.
- Julie Magyar Africk
(41,630번 회원)

구름은 텅 빈 거대한 하늘 속에서 피어오른다. 이들은
어딘지 모를 곳에서 와, 어딘지 모를 곳으로 간다.
그 어딘지 모를 곳은 구름 창고 속에 존재한다.
사람 마음속에서 생각이 나고 지듯,
구름은 하늘의 텅 빈 공간 속에서 생겨나고
그 안에서 사라져간다.

- 존 아처의 《물의 지혜》(2008)에 인용된 부처의 말.

금성 대기의
구름 구조물이
자외선 파장에 의해
드러나고 있다.
NASA의 파이어니어
금성 궤도위성에서
1979년에 포착.

**다음에 누가 하늘에 넓게 드리운** 회색의 고층운에 대해 불평
하거든 우리의 구름이 금성의 구름이 아닌 것을 고맙게 생각
하라고 말해주기 바란다. 우리의 이웃 행성인 금성은 순수한
황산으로 이루어진 구름이 거의 영구적으로 감싸고 있다. 이
구름은 지구의 대기보다 밀도가 90배나 높은 이산화탄소의
대기 속에 떠 있다. 이 구름에 닿는 햇빛 중 금성의 표면까지
뚫고 들어가는 것은 10퍼센트 정도에 불과하지만 이 모든 이
산화탄소로 인해 엄청난 온실효과가 나타난다. 이 이산화탄
소가 태양열을 엄청나게 효과적으로 붙잡아두기 때문에 금성
의 표면 온도는 섭씨 450도를 넘어간다. 우리 태양계에서 금
성보다 뜨거운 곳은 태양 표면밖에 없다.

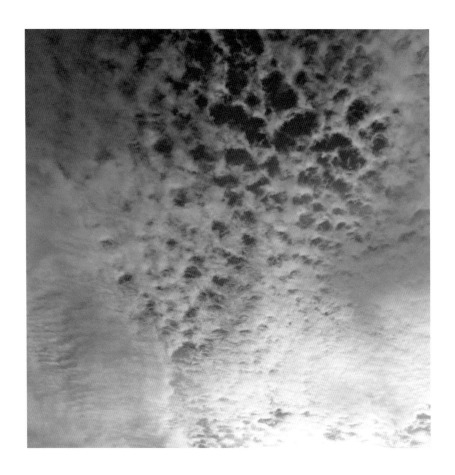

벌집구름.
영어 이름 'lacunosus'는 '구멍으로 가득하다'는 의미의
라틴어에서 유래했다.
이 구름을 보면 따듯한 거품 목욕물 아래 잠겨서
비누 거품을 올려보는 것 같다. 네덜란드 블로에멘달.
– Hans Stocker(36,089번 회원)

렌즈고적운이 홍콩 빅토리아 항구에서
물속으로 다이빙을 하는 모습이 포착됐다.
- Terence Pang

헨리 파러,
⟨달빛 아래 겨울 풍경⟩
(1896).

**얼음 결정이** 위에도 있고, 아래에도 있다. 일부는 달빛에 비친
권운 속에. 일부는 갓 내린 눈 속에.

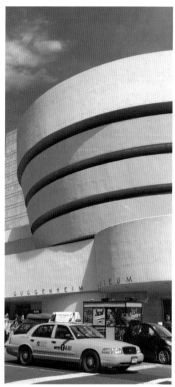

**왼쪽**: 렌즈고적운. 미국 콜로라도주 서워치산맥. - James Brooks(44,546번 회원)
**오른쪽**: 미국 뉴욕, 솔로몬 R. 구겐하임 미술관. - Jean-Christophe Benoist

**미국의 건축가** 프랭크 로이드 라이트는 도시가 싫었다. 그런데 광산업계의 거물 솔로몬 R. 구겐하임이 맨해튼에 지을 미술관의 설계를 의뢰했을 때, 라이트는 구름에서 영감을 받았던 것으로 보인다. 라이트가 자신의 건축학교를 세워놓은 애리조나에서는 층층이 쌓인 형태의 렌즈고적운이 꽤 흔히 보인다. 구겐하임 미술관의 생김새가 이 구름과 닮은 구석이 있는 것이 과연 우연일까? 우리는 우연이 아니라 생각한다. 라이트와 구겐하임은 미술관의 외벽 색깔을 두고 논쟁을 벌였다. 결국 건축가가 한 발 뒤로 물러났지만 그가 원래 선호했던 색깔은 선홍색cherokee red이었다. 그 논란에서 구름에 대한 얘기가 있었다는 기록은 없지만 우리는 머릿속에 떠오르는 그림을 피할 수 없다. 황혼이 다가올 때 지는 해의 따뜻한 색감에 물든 렌즈고적운의 색이 무엇이었을까? 주황색, 분홍색 그리고… 맞다, 선홍색이다.

하늘의 눈. 스페인 마드리드 근처 토레혼데아르도스.
– Adolfo Garcia Marin(12,115번 회원)

해질녘 고적운
누비이불.
영국 런던, 팬지.
- Christina Brookes
(33,764번 회원)

낮에 꿈을 꾸는 사람은
밤에 꿈을 꾸는 사람들에게는
찾아오지 않는 많은 것을 알고 있다.

- 에드거 앨런 포, 《엘레노라》(1842)

춤을 추는 오로라의 빛. 국제우주정거장에 탑승한 알렉산더 게르스트가 촬영.

**오로라인 북극광과 남극광은** 태양에서 불어온 전하를 띤 입자들이 역동적으로 움직이는 지구 자기장에 붙잡혀 있는 입자들과 상호작용할 때, 고위도 지역에서 나타난다. 입자가 자기장에 의해 상층대기로 끌려 들어오면서 산소와 질소 원자를 들뜨게 만들면 이 원자들이 빛을 방출한다. 태양에서 불어오는 전하를 띤 입자의 흐름을 태양풍이라고 하며, 이것이 지구의 자기장을 보이지 않는 바람자루 풍향계처럼 늘려놓는다. 오로라 활동은 태양의 코로나 질량 방출로 나온 태양풍이 자기장을 우주 공간으로 멀리 펼쳐놓았다가, 그 자기장이 다시 튀어 들어오면서 그 안에 하전 입자들을 물밀듯이 끌고 들어올 때 절정을 이룬다. 알렉산더 게르스트는 우주에서는 오로라 빛이 툭하면 보이지만 볼 때마다 여전히 감동적이라고 말했다.

적란운 소나기구름에서 비가 어떻게 내리는지를
적나라하게 보여주는 장면.
잉글랜드 이스트서식스주.
- Sylvia Fella (42586번 회원)

화산의 구름 장막.
필리핀 알바이,
다라가의 한 발코니
에서 촬영.
– Chito L. Aguilar

**거대한 모자를 눌러 쓴** 필리핀 마욘 화산. 위에는 렌즈구름,
그리고 아래는 층적운 한 층으로 거대한 장막이 드리워 있다.
분명 오늘은 관광객들을 받고 싶은 생각이 없는 모양이다.

후프 사이로 공 던지기.
말굽꼴 소용돌이 구름과 편평운이라고도 한다.
미국 뉴저지주 패터슨.
– Edward Hannen

녹조현상이 찾아온
흑해. 2017년에
NASA의 아쿠아
인공위성에서 촬영.

**구름은 꼭 물이 아니어도** 많은 것으로부터 생겨날 수 있다. 이 인공위성 사진을 보면 수십억 마리의 작은 광합성플랑크톤으로 이루어진 거대한 소용돌이 구름이 흑해의 해류와 소용돌이의 흐름을 보여주고 있다. 하지만 이 작은 수생 생물체들이 이런 거대한 녹조를 형성할 때는 그저 대기의 구름을 흉내 내는 데서 그치지 않고 실제로 구름의 형성을 돕기도 한다. 남빙양에서 이루어진 과학연구에서는 해양 광합성플랑크톤이 공기 중으로 배출하는 기체와 입자가 구름의 물방울이 응결할 수 있는 '씨'로 작용해서 구름의 형성에 크게 기여할 수 있음을 밝혀냈다.

나는 하루를 그렇게 애석하게
바라보는 남자를 본 적이 없었다.
나는 그렇게 애석한 눈빛으로
바라보는 남자를 본 적이 없었다.

죄수들이 하늘이라 부르는
파란색의 작은 텐트를,
은색 돛을 달고
곁을 지나가는 모든 구름을.

- 오스카 와일드, 《레딩 감옥의 노래》(1898)

NASA의 화성탐사로봇 스피릿이 화성의 노을을 만끽하고 있다.

**화성의 노을은** 어떤 모습일지 궁금했던 적이 있는가? 물론 그래봤을 것이다! 여기 화성의 구세프 크레이터에서 바라본 노을이 있다. 지구의 노을과는 반대로 화성의 하늘은 지는 해 주변으로는 창백한 파란색을 띠는 반면, 나머지 영역은 평소의 낮처럼 암갈색 버터스카치 색을 띤다. 화성에서는 황혼의 시간도 더 길다. 화성 대기에 들어 있는 먼지들이 해가 시야에서 사라진 후에도 무려 2시간 동안이나 햇빛을 계속해서 산란시키기 때문이다.

이 적란운이 어디를 특히 싫어하는지 알 것 같다.
미국 플로리다주 올랜도.

- Andy Sallee(37,600번 회원)

고층운. 포클랜드 제도
마운트플레즌트
너머의 노을.
– Melyssa Wright
(23,652번 회원)

**고층운이라는 중층운은** 별다른 특색을 찾아볼 수 없는 따분한 회색 구름이라 일반적으로 재미없는 구름으로 여겨진다. 하지만 빛만 제대로 만나면 모든 구름은 자기만의 빛나는 순간을 갖게 된다.

**색을 띤 이 둥근 테는** 당신의 그림자가 구름이나 안개 층에 비칠 때 생길 수 있다. 이런 광학현상을 그림자광륜이라 하는데, 햇빛이 구름의 작은 물방울에서 반사되어 회절되면서 생긴다. 이 현상을 독일의 브로켄산에서 이름을 따 '브로켄의 요괴'라고도 부른다. 그 산에서는 낮은 구름을 뚫고 산을 오르는 사람들이 해를 등졌을 때 이 현상을 자주 보기 때문이다. 그림자의 가장자리가 흐릿해지고 원근효과 때문에 모양이 왜곡되다 보니 브로켄 요괴의 유령 같은 모습이 나타난다.

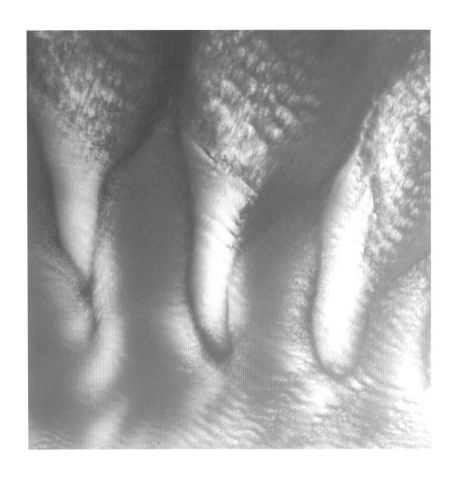

산악파山岳波가
권적운의 모양에
영향을 미치면서 생긴
파도 속 파도 모양.
스코틀랜드 머리만灣,
로시머스.
– Melyssa Wright
(23,652번 회원)

몽상 속에 앉아서,
한가로이 마음의 해안가에 와서
부서지는 파도의 변화하는
색을 바라본다.

– 헨리 워즈워스 롱펠로의 3막극

《스페인 학생》(1843)에서

---

적란운.
**왼쪽**: 대머리적란운. 스페인 마드리드. – Antonio Martin(11,271번 회원)
**오른쪽**: 복슬적란운. 체코공화국 부코브니크. – Karel Jezek(34,987번 회원)

**적란운을 멀리 떨어진 곳에서** 관찰하면 적란운만의 독특한 형태를 확인할 수 있다. 적란운은 꼭대기 부분이 밖으로 퍼져나가면서 버섯이나 대장장이의 모루 같은 모양을 한다. 모루구름으로 알려진 이 구름 꼭대기는 적란운을 확인할 때 눈여겨보아야 할 부분이다. 적운은 꼭대기가 결빙되면서 적란운으로 발달한다. 구름의 맨 위쪽 꼭대기의 물방울이 얼어붙기 시작하면 구름 정상의 가장자리가 흐릿해진다. 왼쪽 사진은 대머리적란운Cumulonimbus calvus이다(calvus가 라틴어로 '대머리'를 뜻한다). 이때는 구름 정상이 결빙되기 시작해서 가장자리가 부드러워지지만, 아직은 꽤 매끈한 상태다. 오른쪽 사진은 더 성숙한 적란운으로 복슬적란운Cumulonimbus capillatus이라고 한다(capillatus는 머리가 많다는 뜻이다). 이때는 구름의 위쪽 부분 전체가 얼음 결정으로 얼어붙어 있어서 꼭대기가 더 솜털처럼 보인다.

우르반 몰라레의 원작 그림(1535년경)을 모사한 야코프 엘브파스의 〈무리해 그림〉(1636).

**스웨덴 스톡홀름의** 스톡홀름 대성당에 방문하는 구름추적자들은 햇빛이 구름의 프리즘 같은 순수한 얼음 결정을 통과할 때 나타나는 여러 호, 테, 점 같은 다양한 무늬를 보는 행운을 누리게 될 것이다. 이런 광학효과들이 야코프 엘브파스가 1636년에 그린 〈무리해 그림〉에 나타나 있다. 태양의 한쪽, 혹은 반대쪽에 나타날 수 있는 빛의 점인 무리해는 햇빛이 구름의 육각형 얼음 결정을 통과하며 반사, 굴절될 때 나타나는 여러 가지 무리현상 중 하나일 뿐이다. 이 그림은 1535년 4월 20일에 스톡홀름 상공에 나타났던 극적인 무리를 묘사하고 있다. 이 모든 효과들이 동시에 나타났을 리는 없지만 말이다. 빛의 테, 호, 선은 지금까지 살아남은 이 세계 최초의 무리현상 그림에서 주역을 맡고 있다.

둘로 나뉜 하늘.
잉글랜드 서퍽주
입스위치.

- Kenneth R. Carden
(20,402번 회원)

**구름은 구름이 없었다면** 눈에 보이지 않았을 바람의 패턴과 기온 변화를 드러냄으로써 대기의 복잡한 운동을 이해할 수 있게 도와준다. 때로는 고층운을 춤추듯 가로지르는 부드러운 잔물결처럼 신호가 미묘할 때도 있다. 하지만 경우에 따라서는 이 사진에서처럼 신호가 대단히 노골적으로 드러나기도 하는데, 이 고적운은 떠나가는 기상전선의 뒤쪽 가장자리를 아주 선명하게 보여주고 있다.

적란운이 습한 아침을
몰고 왔다.
미국 뉴욕 맨해튼.
- Maxine Hill
(43,765번 회원)

머리카락에 울리는 천둥의 전율.
먹구름이 짙어지는 것이
빤히 보이지만
그래도 나는 첫 빗방울에
흠칫 놀라고 만다.

- G. K. 체스터턴, 《성 바바라의 발라드와 다른 시들》 중
〈두 번째 어린 시절〉

하늘의 리본체조 선수. 벨기에 플랑드르 루뱅.

- Jente De Schepper

갈라파고스제도 위의
적운. 국제우주정거장
승무원이 촬영.

**한낮에 흩어져 있는** 적운의 분포가 해안선이나 섬의 형태를
그대로 따르는 경우가 있다. 에콰도르 해안과 떨어져 있는 갈
라파고스제도 위를 덮고 있는 이것들처럼 적운은 태양에 가
열된 땅에서 솟아오르는 상승기류라는 공기 기둥 위에서 만
들어진다. 바다의 온도는 육지보다 더 안정적이기 때문에 바
다 위에서는 상승기류 활동과 그에 따르는 구름의 형성이 억
제된다. 국제우주정거장 창밖으로 이 사진을 촬영한 구름추
적자 우주비행사의 머릿속에서도 분명 이런 내용들이 모두
영화처럼 돌아가고 있었을 것이다.

호주 노던주 카카두 국립공원의 암벽화에 묘사된 무지개뱀.

**호주 전역의 초기 원주민** 문화에서 무지개뱀Rainbow Serpent 은 비와 다산을 상징했다. 호주 노던주 카카두 국립공원의 우비르Ubirr 암벽화에 묘사된 이 뱀은 창조의 뱀이었다. 그녀는 생명을 주는 물을 공급하고, 자신을 화나게 만든 자들을 벌하기 위해 폭풍과 홍수를 일으키는 일을 담당했던 것으로 여겨진다. 하늘에 무지개가 나타나면 그것은 무지개뱀이 하나의 물웅덩이에서 또 다른 물웅덩이로 이동하고 있는 것이었다. 심한 가뭄에도 일부 물웅덩이에 물이 남아 있는 것은 그녀 덕분이었다. 벽화가 그려진 시기에 대해서는 의견이 엇갈리고 있지만 이 뱀이 이 지역 암벽화에 나타나기 시작한 것은 약 6천 년 전부터였다.

J. M. W. 터너의
1796년 〈브라이튼
근처 습작 스케치북〉에
들어 있는 구름 습작.

**양식을 갖춘 여느** 풍경화가와 마찬가지로 영국의 화가 J. M. W. 터너 역시 여러 장의 구름 습작을 그려보았다. 18세기가 끝날 즈음에 만들어진 이 파란 종이 스케치북은 달빛에 물든 구름과 그 아래 물속에 비친 구름의 풍경을 묘사하기에 더할 나위 없이 완벽하게 느껴진다. 터너는 후에 하늘의 기분을 그림 속에 잡아내는 대가大家로 발돋움했다. 그는 50년 후에 한 친구에게 이렇게 설명했다. "흐릿함이야말로 나의 강점이지."

렌즈구름이라고 해서 모두 UFO나 렌즈콩처럼 생긴 것은
아니다. 미국 콜로라도주 볼더 카운티 상공에서 포착한
이 구름은 물컵에 떨어뜨린 발포정에서
거품이 이는 모습처럼 보인다.
– Patrick Dennis(43,666번 회원)

**세계기상기구에서 마침내** 거친물결구름asperitas을 새로운 공식적인 구름 분류로 받아들인 날은 구름감상협회에도 아주 뜻깊은 날이었다. 2008년에 우리는 이 구름 형태가 그 자체로 하나의 구름 유형으로 인정받아야 한다고 제안한 바 있다. 우리는 전 세계 회원들이 보내준 사진들 속에서 카오스 같은 난류의 파동이 생겨나고 때로는 봉우리가 아래로 뾰족하게 내려오기도 하는 이 구름의 독특한 특성들을 파악했다. 구름이 공식적인 분류에 포함되려면 《국제구름도감》에 들어가야 한다. 이것은 1896년에 처음 등장한 책으로 구름의 이름을 지을 때 필요한 최종적인 참고 자료다. 이제 이 도감은 국제기상기구에서 출판하고 있으며, 2017년에는 온라인 판이 나왔다. 그 온라인 판에 거친물결구름이 처음으로 포함되었다. 이 구름의 영어 이름인 'asperitas'는 '거칢'을 의미하는 라틴어에서 왔다. 이 구름은 아래서 보면 격동하는 풍랑의 바다처럼 보인다. 거친물결구름이 2017년에 공식적으로 인정을 받음으로써 54년 만에 새로운 구름의 분류가 추가되었다.

거친물결구름. 네덜란드 에름.
- Nienke Lantman (24,009번 회원)

비행운이 대기의
연무에 자신의
그림자를 드리우고
있다. 미국 뉴멕시코주
라스크루세스.
- Daniel Fox
(40,744번 회원)

**항공기 응결 흔적** 혹은 비행운contrail은 항공기 배기가스에
들어 있는 수분이 응결 혹은 결빙되어 생기는, 인간이 만들어
낸 구름이다. 그 아래쪽 구름층이나 대기 중의 연무가 빛을 미
묘하게 산란시키는 바람에 비행운의 그림자가 눈에 보일 수
도 있다. 그 구름층은 파란 하늘에 유백색으로 뭐가 살짝 낀
것처럼 보이는 권층운일 수도 있다. 하지만 대니얼 폭스가 미
국 뉴멕시코주 상공에서 포착한 이 사진 속 비행운 그림자는
건조한 대지에서 바람을 타고 올라간 먼지 때문에 나타난 것
일 가능성이 높다. 대니얼이 자신의 강아지 루시를 데리고 산
책하던 길에 비행운과 그 그림자가 우연히도 완벽하게 정렬
되어 선 하나를 이루었다.

물결구름.
켈빈-헬름홀츠 파동
구름이라고도 한다.
노르웨이 스발바르
제도 뉘올레순.
- Lana Cohen

큰 소용돌이 속에는 작은 소용돌이가 들어 있고,
이 작은 소용돌이는 속도velocity를 먹고 산다.
그리고 작은 소용돌이에는 더 작은 소용돌이가
들어 있다. 이것은 점도viscosity를 먹고 산다.

- 루이스 프라이 리처드슨,《수치 과정에 의한 기상예보》

주로 수소와 우주 먼지로 이루어져 있는 방대한 성간구름은 새로운 항성의 탄생 장소. 이 항성은 양극에서 시속 16만 킬로미터의 속도로 과열 가스를 방출하고 있다. 지구의 구름이 해를 가린다고 불평하는 사람은 애초에 태양을 만들어낸 존재가 구름이었음을 기억해야 할 것이다.

토성은 아주 많은 위성을 갖고 있고, 그중 53개는 이름이 있다. 그중 하나인 엔켈라두스는 아주 두꺼운 얼음 껍질로 덮여 있다. 이 위성에는 우리가 일반적으로 생각하는 구름은 없지만 얼음 입자와 수증기로 이루어진 거대한 구름 비슷한 기둥이 있다. 이 기둥은 엔켈라두스의 남극으로부터 우주공간으로 분출되어 나오고 있다. 이런 기둥이 생겨난 이유는 불분명하지만 이것들은 지하의 바다에서 기원한 것일 수도 있다. 위성의 내부에서부터 가열되어 이 숨겨진 저수지에 높은 압력이 만들어지고, 그 압력에 의해 물이 얼음으로 뒤덮인 표면을 뚫고 솟아올라 우주에 거대한 구름 제트를 만들어내는 것이다.

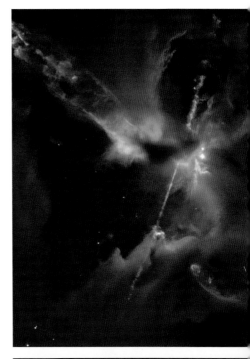

위쪽: 먼지 구름 속에서 새로 태어난 항성. NASA의 고더드 우주비행센터에서 허블 우주망원경을 사용해서 촬영.
오른쪽: 토성의 위성 중 하나인 엔켈라두스의 남극에서 방출되는 구름 제트. NASA의 카시니 우주선에서 촬영.

다이아몬드 가루에 의해 생긴 환일환과 120도 환일.
프랑스 라플라뉴. - Richard Corrigall(4,393번 회원)

**알프스 고지대의** 차가운 겨울 공기는 다이아몬드 가루라고 하는 반짝이는 얼음 결정 안개가 형성되기에 완벽한 조건이다. 건조한 조건에서 얼음 결정이 천천히 자라면 작고 맑은 육각형 프리즘이 만들어진다. 이 프리즘이 햇빛을 휘고 반사하면서 하늘에 온갖 종류의 신기한 점과 테를 만들어낸다. 이것을 한데 묶어 무리현상이라고 한다. 사진에서 보이는 둥글게 휘어진 빛의 선도 그런 현상 중 하나인 환일환幻日環, parhelic circle이다. 이것은 지평선에 평행하게 하늘을 가로지르는 하얀 띠로, 때로는 360도로 하늘 전체를 가로지르기도 한다. 이것은 항상 태양과 같은 높이에 있고 아주 순간적으로 왔다 가는 경향이 있다. 여기서 환일환을 따라 나타나는 밝은 점은 120도 환일이라고 한다. 이것은 무리해라고 하는 자주 보이는 환일과 비슷하지만 색깔이 없고, 태양과 훨씬 멀리 떨어져 있으며, 또 훨씬 드물다.

탑상고적운. 미국 오리건주 북서부.
- Sallie Tisdale(42,126번 회원)

**탑상구름이라는 구름 좋은** 눈에 잘 들어오는 형태가 아니다. 사실 구름추적자들이라도 놓치기 쉽다. 하지만 미국 오리건주에서 샐리 티스데일이 포착한 이런 탑상구름은 관심을 기울일 만한 가치가 있다. 그날 늦게 폭풍우가 밀려올 조짐인 경우가 많기 때문이다. 구름에서 보이는 총안銃眼(적을 향해 총이나 대포 등을 쏠 수 있도록 성벽이나 탑 위에 톱니모양으로 만들어놓은 홈―옮긴이) 모양은 구름 높이의 대기층이 불안정하다는 것을 말해준다. 이런 고적운에서 탑상구름의 총안이 나타나는 경우는 중층의 공기가 불안정한 것이다. 이것은 중요하다. 그날 하루 그 아래서 자라 오른 적운이 그 불안정한 공기에 도달한 후에도 계속해서 자란다는 의미이기 때문이다. 그럼 이 적운은 계속 자라고, 또 자라다가 폭풍을 몰고 오는 적란운으로 성숙할 가능성이 크다. 샐리도 이 부분을 확인해주었다. "하늘의 움직임이 하루 종일 활발했어요. 그리고 정말로 그날 밤에는 폭풍우가 치더군요."

**이 그림처럼** 중층 고적운 층에서 구름 조각 사이에 틈이 있을 때는 이들을 틈새고적운이라고 부른다. 19세기 일본의 화가 가쓰시카 호쿠사이가 그린 이 그림은 그의 고전적 시리즈 〈후지산의 36경〉의 일부다. 이 그림의 제목은 〈청명한 아침의 시원한 바람凱風快晴〉이다. 우리 생각에는 좀 부적절한 제목 같다.

봉우리적운 꼭대기의 삿갓구름. 말라위 은카타베이
- Jaap van den Biesen, Nienke Edelenbosch

**삿갓구름이라고 하는** 두 개의 모자구름이 말라위에서 적란운으로 성숙 중이던 봉우리적운 꼭대기 위에서 발달했다. 삿갓구름은 적운의 상승 대류가 위쪽에 있는 기류를 들어 올리는 경우에 나타난다. 열대 지역에서는 이런 상승 대류가 대단히 강력하게 나타날 때가 있다. 섬세해 보이는 이 모자구름은 산악지형 대신 적운 위에서 형성되는 렌즈구름이라 할 수 있다. 기류가 밀려 올라가 냉각되는 곳에서 물방울이 형성되었다가 기류가 구름 장애물을 지나 다시 내려오며 따뜻해지면 그 물방울이 다시 증발해 사라지는 것이다. 이 물방울의 수명은 대단히 짧기 때문에 크기가 작고 고른 경향이 있다. 이는 햇빛을 회절시켜 자개빛깔로 분리하기에 완벽한 조건이다. 꼼꼼히 살펴보면 이런 색이 눈에 보일 수 있다. 분명 모든 구름의 가장자리가 밝은 흰색으로만 빛나는 것은 아니다. 어떤 구름의 가장자리는 미묘한 무지갯빛을 띠기도 한다.

적운, 권운, 포기권운cirrus floccus의 노을이
도킹을 위해 국제우주정거장에 접근하는 NASA의
시그너스 화물우주선의 배경이 되어주고 있다.
국제우주정거장의 항공기관사 토마스 페스케가 촬영한
이 우주선은 승무원들을 위한
보급품과 실험 장비들을 운반하고 있다.

인도계 영국 조각가 애니시 커푸어 경이
미국 시카고 밀레니엄 공원에 만든 공공 조각물인
〈클라우드 게이트〉(2004년)가 대류권 상부에서
폭포처럼 쏟아지는 얼음 결정이 만들어낸
고층운인 권운 아래서 반짝이고 있다.

층운.
일본 도쿄 롯폰기.
- Filip Gavanski

구름 속에 머리를 둔 건물 하나가 층운의 밋밋한 회색 세상 속에 들어가 있다. 층운은 열 가지 주요 구름 유형 중 가장 낮은 구름이다. 이 구름은 위에서 바라보면 아름답지만 아래서 보면 너무 가깝고 답답하게 느껴질 수도 있다. 층운이 땅 높이에서 형성된 경우를 안개라고 부르지만, 층운이 잘 생기는 높이는 450미터 정도다. '하늘을 찌를 듯한 고층건물'이라고 할 때의 '하늘'은 아마도 이 높이에서 생기는 층운을 의미하나 보다.

점심시간 층적운에 웬
노을이? 미국 유타주
그레이트솔트호.
- Jeremy Hanks
(41,507번 회원)

**우리는 하루가 시작하거나** 저물 때 낮게 뜬 태양의 붉은 기운을 받아 분홍색으로 물든 구름은 흔히 본다. 하지만 미국 유타주에 뜬 이 층적운은 오후 1시인데도 분홍색으로 물들었다. 대체 무엇이 대낮에 구름을 이런 색으로 물들인 것일까? 사실 그 원인은 땅에 있다. 구름 아랫면에 비친 분홍색은 그 아래 그레이트솔트호의 색이 반사된 것이다. 이 호수의 물은 염도가 높은 환경에서 번성하는 호염균 때문에 확연한 붉은색을 띨 수 있다. 이 작은 미생물들은 한낮에도 노을을 불러낼 수 있을 정도로 막강하다.

**공식명칭으로는** '볼루투스volutus'라고 하는 두루마리구름roll cloud은 이동하는 공기의 파도 안에서 만들어진다. 가끔은 전진하는 폭풍의 앞쪽에서 이동하기도 하지만, 해풍과의 상호작용으로 만들어지는 경우가 더 흔하다. 두루마리구름이 연안에서 발견되기 쉬운 것도 이 때문이다. 파동의 앞쪽에서 상승하는 기류와 뒤에서 하강하는 공기는 눈에 보이지 않고 중간에서 회전하는 두루마리 모양의 구름만 눈에 보이지만, 이런 공기의 흐름을 기류의 변화로 느낄 수 있다. 이 구름을 촬영한 장 루이 드라예는 이렇게 말했다. "구름이 지나가면서 갑자기 강한 바람이 불더군요."

NASA의 보이저 2호 우주선에서 1989년에 촬영한 해왕성.

**거대얼음행성인 해왕성은** 태양계에서 지금까지 발견된 가장 먼 행성이고, 대기는 주로 수
소와 헬륨으로 이루어져 있다. 또한 얼어붙은 메탄과 암모니아로 이루어진 거대한 줄 모
양의 구름도 있다. 우주 공간에서 보면 해왕성의 대기는 밝은 파란 빛깔 덕분에 아주 고요
해 보인다. 하지만 사실은 고요함과는 한참 거리가 멀다. 사진 중앙에 있는 대흑점The Great
Dark Spot은 지구 지름만 한 폭으로 해왕성 주변을 휘몰아치는 거대한 폭풍계로 시속 2,100킬
로미터의 바람을 만들어낸다. 대흑점 살짝 아래 보이는 고립된 하얀 지역은 스쿠터Scooter
라는 구름 영역이다. 이는 지속성 구름이 대흑점보다 빠르게(12바퀴마다 한 바퀴 이상 앞서는 속
도로) 해왕성 주변을 돌기 때문에 생긴다. 해왕성은 고요해 보이지만 사실은 우리 태양계 전
체에서 가장 강력한 바람이 불고 있는 것으로 밝혀졌다.

물에 반사된 고적운.
탄자니아 음베야주
우텐굴레.
- Maarten Hoek

내 생각이 들어가 살
구름 집을 만들어야겠어.
땅에 머물기엔 너무 자유롭고
하늘에 오르기엔 너무 낮으니까!

- 엘리자베스 배럿 브라우닝, 〈구름 집〉(1841)

적란운.
호주 노던 준주, 다윈.
- Cecelia Cooke
(32,344번 회원)

'**구름의 왕**'으로 불리는 적란운은 높이가 16킬로미터까지 뻗어 오를 수 있다. 그래서 모든 구름 유형 중에서도 키가 제일 크다. 날아갈 듯 행복한 기분을 뜻하는 말로 사용되는 '클라우드 나인on cloud nine'이라는 표현도 적란운에서 나왔다. 1896년에 구름 식별 설명서인《국제구름도감》1판이 출판되었을 때 적란운은 구름의 속屬이라는 10가지 주요 분류 목록에서 9번에 해당했다. 따라서 클라우드 나인, 9번 구름 위에 있다는 말은 키가 제일 높은 구름 위에 올라탔다는 의미가 됐다.

**'에베르트 자우덴바흐의 대가'**로 알려진 중세 네덜란드의 채색화가가 가장 좋아했던 구름은? 15세기 말경 위트레흐트의 선도적인 채색화가였던 이 사람의 실제 이름은 알려지지 않았지만 일부 역사가들은 이 이름을 사용하고 있다. 그가 1460년에 에베르트 자우덴바흐가 의뢰한 성경 그림의 핵심 화가였기 때문이다. 그의 성경 그림에 나오는 하늘은 한 가지 특정 유형의 구름으로 채워져 있다. 갈퀴권운이다. 이것은 독특한 갈고리 모양의, 고도 높은 얼음 결정 권운의 한 형태다. 이 갈고리 모양을 '말꼬리구름'으로 묘사할 때도 많다. 이 화가가 권운을 너무도 사랑했기 때문에 일부 미술사가들은 그에게 '깃털구름의 대가'라는 훨씬 어울리는 이름을 붙여주었다.

121

하방환일환, 산란호, 페리 대일호. 노르웨이 오슬로 위로 비행 중.
- Ross McLaughlin

**활에 빛의 리본을 묶어놓은 듯** 보이는 이 희귀한 무리현상의 중심에는 대일점anti-solar point
이 자리 잡고 있다. 이것은 태양의 정반대 방향에 존재하는 점이다. 사진에서 태양은 카메
라 뒤편에서 빛나고 있다. 빛의 호arc는 고층운 속에 들어 있는 작은 얼음 결정을 통과하는
햇빛이 복잡하게 굴절되고 반사되면서 만들어진다. 여기서 보이는 광학현상에는 아치를 그
리며 사진을 수평으로 가로지르고 있는 하방환일환subparhelic circle, 활 위쪽에 리본의 고리
모양으로 나타나는 산란호diffuse arc, 그리고 리본 꼬리처럼 나타나는 패리 대일호parry anti-
solar arc가 있고, 대일점이 중앙에 가장 밝은 점으로 자리 잡고 있다. 이런 보기 드문 장면은
이 구름추적자처럼 현명하게 비행기 창가 좌석을 선택한 사람들에게 조용히 주어지는 선
물이다.

모자구름. 노르웨이
고되위아섬 상공.
– Marcus Murphy

**노르웨이의 작은** 고되위아섬에 있는 산이 가발을 쓰고 있는 모습이다. 하지만 이것은 사실 가발이 아니다. 산악성 구름이다. 이것은 바람이 솟아오른 땅을 만나 그 위로 넘어가기 위해 산을 타고 상승할 때 형성되는 구름이다. 기류가 이 섬 같은 장애물을 만나면 공기가 그 장애물을 넘어가기 위해 상승하는 과정에서 팽창한다. 그리고 이 팽창으로 인해 공기가 식는다. 그 안에 충분한 수분이 들어 있는 경우 기온 강하로 인해 수분 중 일부가 작은 물방울로 응결되고, 그것이 우리 눈에 구름으로 보이게 된다. 이 사진처럼 산봉우리 정상을 덮고 있는 구름 형태를 모자구름이라고 한다. 가발구름이라고 불러야 하는 것 아닌가 싶기도 하다.

햇빛이 미국
캘리포니아주
앨러미다 위로 뜬
권운의 얼음 결정을
통과하다 굴절되면서
생긴 천정호.
- Darya Light

우리는 거품 이는 바다를 둘러싼
소나무 숲을 거닐었지.
가볍디가벼운 바람은 둥지에 있고
폭풍은 집에 있었지.
속삭이는 파도는 반쯤 잠들어 있고
구름은 놀러 가고 없고
심연의 가슴 위로는
하늘의 미소가 드리워 있었지.

- 퍼시 비시 셸리, 〈제인에게: 회상〉(1822)

중력파에 의해 만들어진 파상층적운.
아프리카 연안에서 NASA 테라 위성이 촬영.

**나미비아와 앙골라 서부** 연안에서 촬영한 이 층적운은 중첩된 기단이 만들어낸 대기중력
파atmospheric gravity wave 때문에 십자형 파동의 형태를 띠고 있다. 나미비아 사막의 추운
밤을 거치면서 냉각된 건조한 공기가 서쪽으로 흐르며 대서양 위를 지난다. 차가운 공기는
따뜻한 공기보다 밀도가 높기 때문에 밀도가 낮은 따뜻한 공기 아래쪽을 파고들며 바다 위
를 덮고 있던 습하고 따뜻한 공기를 위로 밀어 올린다. 두 기단 사이의 경계가 움직이는 것
은 대기의 파동이 발달하기에 완벽한 조건이다. 이것은 파도의 공기 버전이다. 다만 물의
바다가 아니라 공기의 바다인 대기 속에서 만들어질 뿐이다. 이 파동이 대서양 위로 퍼져나
감에 따라 그 모습이 구름으로 드러난다. 파도 위에 파도가 겹치고, 바다 위에 또 다른 바다
가 겹치는 것이다.

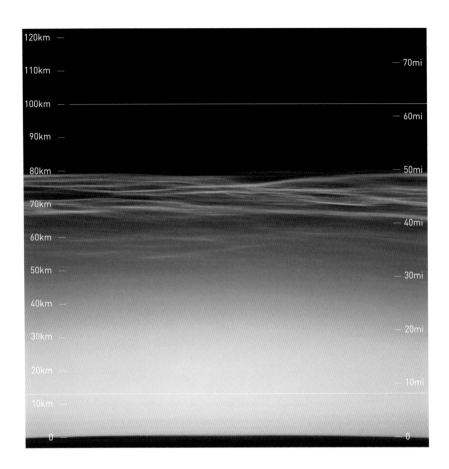

120km —
110km —
100km —
90km —
80km —
70km
60km —
50km —
40km —
30km —
20km
10km

— 70mi
— 60mi
— 50mi
— 40mi
— 30mi
— 20mi
— 10mi
0

0

국제우주정거장에서
우주비행사
제프 윌리엄스가
촬영한 야광구름.
고도를 함께
표시해놓았다.

극지방 중간층 구름polar mesospheric cloud이라고도 하는 야광구름noctilucent cloud은 구름 유형 중에서 가장 고도가 높다. 이 사진에서 아래쪽에 그어져 있는 선은 대류권의 평균 고도를 나타낸다. 우리에게 익숙한 모든 날씨 구름은 이 고도 아래서 생긴다. 위쪽에 그어진 선은 관습적으로 우주가 시작되는 곳이라 생각하는 고도를 가리킨다. 야광구름은 위도 50-70도 사이의 지역에서 태양이 지평선 아래로 내려가 어두워진 하늘을 배경으로 구름이 빛을 받는 경우에만 보인다. 거즈처럼 생긴 섬세한 푸른색 얼음 가닥인 이 구름은 우리 대기권에서 가장 춥고 건조한 부분에서 형성된다. 우주의 가장자리에서 생기는 구름이라 할 수 있다.

부챗살빛.
스코틀랜드 하일랜드,
아르니스데일.
- John Findlay

**어떤 사람은** 성경 창세기에서 야곱이 땅과 천국을 이어주는 사다리 꿈을 꾸었던 것에서 이름을 따서 이 빛줄기를 '야곱의 사다리Jacob's Ladder'라고 부른다. 스리랑카에서는 이것을 '부처의 빛Buddha's rays'이라고 부른다. 하와이 사람들은 '마우이의 밧줄the ropes of Maui'이라고 부른다. 과학명으로는 '부챗살빛'이다. 이름이야 어찌 부르건 간에 이것은 대기가 표현하는 가장 장엄한 빛과 그림자의 모습이다.

하늘을 뒤덮고 있는
적란운의 밑면.
캐나다 토론토.
- Christina Connell
(43,390번 회원)

사람은 고통을 통해 배우기 전에는
좋은 물의 진정한 가치를
제대로 알지 못한다.

- 바이런, 《돈주안》(1819)

고층운에 그림자를
드리운 파상고적운.
미국 메릴랜드주
처치크리크.
- Randolph Harris
(45,004번 회원)

**구름층의 어두운 부분은** 보통 구름이 두터워서 빛이 잘 통과
하지 못하는 곳에서 생긴다. 하지만 가끔은 시야에서 가려 보
이지 않는, 더 높이 뜬 구름의 그림자 때문에 어둡게 보이는
경우도 있다. 랜돌프 해리스가 촬영한 이 구름에서는 이런 광
학현상이 잘 드러나 보인다. 파상고적운의 이랑 같은 구름 형
태가 그 아래 고층운의 얇은 구름층에 그림자를 드리워서, 아
래서 보면 마치 병풍 같은 실루엣으로 나타난다.

열대수렴대가 태평양을 가로지르며 펼쳐진 뚜렷한 폭풍 구름의 띠로 나타났다.
- GOES(미국의 정지궤도 기상위성)

**태평양을 가로지르며** 뻗어 있는 신기할 정도로 뚜렷한 구름의 띠를 미국 국립해양대기국의 GOES 정지궤도 위성 시스템이 보여주고 있다. 이 구름 띠는 '열대수렴대'를 표시하는데, 대체로 적도와 평행하게 놓인 이 영역은 북동무역풍과 남동무역풍이 한데 모이는 곳이다. 이 현상은 태양에 의해 가장 직접적으로 가열되는 적도 영역으로 공기가 끌려들어가면서 생긴다. 태양의 가열로 거대한 상승기류가 발생해서 주변 영역으로부터 바람을 끌어들이는 것이다. 때로는 이런 수렴 현상에 의해 강력한 폭풍이 만들어지기도 한다. 그럼 그 폭풍은 이 사진에서 보이는 구름 띠 아래서 발생할 가능성이 크다. 그 외의 시간에는 이 수렴대에 주풍主風 방향이 없기 때문에 죽은 듯이 고요한 무풍의 바다가 만들어진다. 뱃사람들이 오랫동안 이 지역을 '적도무풍대doldrums'라고 부른 것도 그 때문이다.

우연이 만들어낸 구름
모양. 여러 가지로
해석이 가능하다.
미국 플로리다주
포트 오렌지.
– Linda Eve Diamond
(46,720번 회원)

**파레이돌리아**pareidolia ─ 무언가 잘못되었거나 틀린 것을 의
미하는 그리스어 'para'와 이미지, 형태, 모양 등을 의미하는
'eidōlon'을 합성해서 만들어진 단어로, 무작위로 생겨난 애
매모호한 시각적 패턴으로부터 구체적이고 의미 있는 이미지
를 인지하는 경향을 말한다.

적운 하트. 시카고에서
텍사스주 오스틴으로
비행하는 중에 포착.
- Jenny Shanahan

지금까지 뛰었던 가장 행복한 심장은
어느 조용한 가슴속에 있었는데,
그 가슴은 평범한 햇빛이
달콤함을 알았고
나머지는 천국에 남겨두었지.

- 존 밴스 체니, 〈가장 행복한 심장〉(1894).
〈하퍼스 뉴 먼슬리 매거진〉 1894년 10월호에 처음 발표

권층운에 의해 만들어진 22도 무리. 호주 빅토리아주 녹스.
– Nicole Bates(38,201번 회원)

**통틀어 무리현상이라고** 부르는 빛의 점, 테, 호는 얼음 결정 구름을 통과하는 햇살에 의해 만들어진다. 구름의 얼음 결정들이 광학적으로 유리처럼 투명하고 모양이 균일하면 프리즘처럼 작용해서 그 결정을 통과하는 햇빛을 굴절시키기 때문에 햇빛이 얼음 결정으로 들어갈 때와 빠져나올 때 휘어지게 된다. 넓은 하늘에서 떨어지는 무수히 많은 얼음 결정으로부터 나오는 순간적인 반짝거림이 함께 결합해서 무리현상으로 나타난다. 그중에서도 가장 뚜렷한 것은 22도 무리다. 이것은 밝은 테 무늬로 안쪽 가장자리가 붉은 기미를 띨 때가 많고, 태양이 그 중심에 있고, 22도의 반지름을 갖고 있다. 이 반지름은 관찰자를 기준으로 태양과 무리 가장자리 사이에 생기는 겉보기 각도를 말하는데, 팔을 뻗어 손가락을 최대한 펼쳤을 때 엄지와 새끼손가락 사이의 거리에 해당한다.

갠지스강을 건너는
부처. 앙리 도레,
〈그림으로 보는
석가모니의 생애〉,
《중국 미신 연구》
(1929) 제15권.

**부처가 인도의 고대 도시** 바이샬리 근처에서 갠지스강을 건
너고자 하였으나 뱃사공이 그를 공짜로 태워주기를 거부했
다. 부처는 가진 돈이 없었으므로 대신 지나던 구름을 불러 그
것을 타고 강을 건넜다. 멋진 한 수였다.

층적운, 고적운, 권적운은 대기에서 기상현상이 일어나는 영역인 대류권의 하층, 중층, 상층에서 생기는 덩어리 모양의 구름층을 분류하는 범주다. 이 구름은 구름 조각 덩어리의 상대적인 크기로 구분할 수 있다. 셋 중 가장 낮은 층적운이 지면과 가장 가깝기 때문에 덩어리가 제일 크게 보인다. 가장 높이 떠 있는 권적운은 거리가 멀어서 구름 덩어리가 모래 알갱이처럼 작게 보인다. 중층의 고적운은 그 중간 크기로 보인다. 이 구름은 덩어리들이 얼마나 규칙적으로 나타나느냐로 구분할 수도 있다. 낮은 층적운은 지면과 가까운 바람이 상승기류나 지형과의 상호작용으로 불규칙하게 흐르기 때문에 혼란스럽고 무질서해 보인다. 고도가 높아질수록 덩어리는 더욱 깔끔해진다.

**붉은 무지개가 등장하면서** 노을이 훨씬 더 붉게 타오르고 있다. 해가 지평선 위에 낮게 걸쳐 있을 때 형성된 이 무지개는 낮처럼 전체 스펙트럼의 빛을 띠지 않고 아침과 저녁의 따뜻하고 붉은 색조만을 띠고 있다. 이것은 소나기가 무지개를 엮어 넣을 가닥이 하나밖에 없어서 생긴 결과다.

바하마 안드로스섬의 강어귀에서 높이 치솟아 오른
봉우리적운이 그 위로 높게 지나고 있던
국제우주정거장 우주비행사의 눈길을 사로잡았다.

**폴 헨리는 아일랜드의** 풍경화가로, 향수를 불러일으키는 서부 아일랜드의 시골 풍경화로 1920년대와 1930년대에 큰 인기를 끌었다. 그는 탁 트인 야생의 시골 전경 속에서 빛과 땅, 그리고 하늘을 탐닉했다. 이 그림에서는 캔버스를 가득 채운 거대한 봉우리적운이 그 아래 햇빛이 비치는 작은 오두막을 작아 보이게 만든다. 폴 헨리에게 지평선 위에 있는 것들은 지평선 아래 있는 것보다 더 중요하지는 않더라도 덜 중요하지 않았다.

고적운의 일출.
벨기에 겐트.
- Frits Kuitenbrouwer
(13,684번 회원)

새벽의 산들바람은
당신에게 전해줄 비밀을 품고 있으니
다시 잠들지 말라.

- 13세기 페르시아의 시인이자 수피즘 신비주의자
잘랄루딘 루미의 4행시에서

비행기 조종석에서
촬영한
프랑스-이탈리아
국경의 적운 속에 숨어
있는 몽블랑산.
– Peter Leenen
(32,762번 회원)

**바위 구름**cumulus granitus은 비행기 조종사들이 평범한 적운 사이에 숨어 있는 눈 덮인 산봉우리를 지칭할 때 쓰는, 구름 아닌 구름의 이름이다. 저공으로 나는 비행기에는 대단히 위험한 구름이다.

누군가가 권운을 빗자루로 쓸고 있나 보다.
미국 플로리다주 어제일리어 공원.

- Robyn Molnar

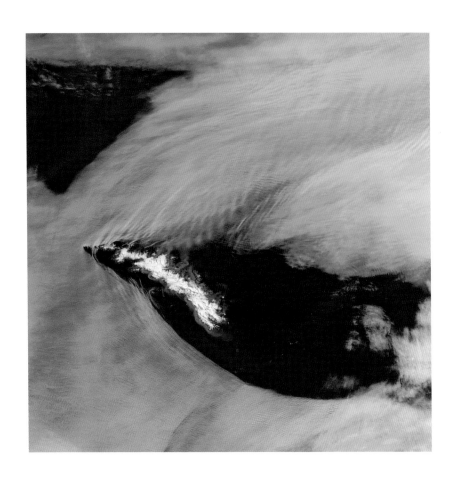

**대서양 한가운데** 남조지아섬 옆에 자리한 작은 윌리스 제도의 섬 중 하나가 고적운과 고층운을 가르고 있다. 이 중층운들은 과냉각된 물방울로 구성되어 있었을 가능성이 높다. 그리고 구름이 섬을 타고 위로 넘어가는 과정에서 공기가 상승하며 냉각이 이루어져 그 물방울들이 얼어붙었을 것이다. 만약 이것이 맞다면 이 얼음 결정들은 아래 있는 따뜻한 공기로 떨어져 소멸되어 사라지고, 결국 섬 뒤로 구름이 갈라지며 양쪽으로 간극이 벌어졌을 것이다. 그 메커니즘이야 무엇이 되었든 간에 이것이야말로 작은 외딴 섬이 광대한 남대서양에서 자신의 존재를 알릴 수 있는 최고의 방법이 아닐까 싶다.

거꾸로부챗살빛.
미국 뉴멕시코주
타오스 근처.
-Heather Prince
(13,545번 회원)

이 **거꾸로부챗살빛**anti-crepuscular ray은 뒤쪽 지평선 근처로 낮게 뜬 태양 앞에 자리 잡은 구름이 드리우는 그림자다. 빛과 그림자의 줄기가 태양의 정반대 위치인 대일점을 향해 물러나는 과정에서 한 점으로 모이는 것처럼 보인다. 습기나 먼지 같은 대기 중의 실안개가 빛을 산란시켜 그 그림자를 드러내 보여준다. 거꾸로부챗살빛이 태양의 반대편 지평선을 향해 나아가며 한 점으로 수렴하는 듯 보이는 것은 원근 효과 때문이다. 사실 이 빛과 그림자의 줄기는 거의 평행하다.

143

때로는 작은 것이 더 크다.

편평운. 미국
애리조나주 피닉스.
– Laura Simms
(32,141번 회원)

눈 결정의 얼음판 현미경사진.

- Wilson Bentley

**미국 버몬트주 제리코 출신의** 윌슨 벤틀리는 1885년 1월에 처음으로 눈송이 사진을 촬영했다. 그는 돋보기로 눈송이 얼음 결정을 처음 관찰한 이후로 그 다양한 모양에 매료되었다. 벤틀리는 현미경을 통해 눈송이를 필름 위에 담기 위해 눈송이를 모아 상하지 않게 유리 슬라이드로 옮기는 기술을 완벽하게 연마했고, 5천 장이 넘는 정교한 얼음 결정 사진을 촬영해서 '눈송이 사람The Snowflake Man'이라는 별명을 얻었다. 그는 1931년에 눈보라를 뚫고 자신의 농장 집으로 걸어 돌아온 뒤 폐렴에 걸려 66세의 나이로 사망했다. 벤틀리는 1925년에 이렇게 적었다. "현미경을 통해 나는 눈송이가 기적처럼 아름다운 존재임을 발견했다. … 눈송이는 디자인의 걸작이며, 그 어떤 디자인도 두 번 다시 반복되는 법이 없다. 눈송이가 녹으면 그 디자인을 영원히 잃게 된다. 그 수많은 아름다움이 어떤 기록도 남기지 않고 사라져버리는 것이다."

**방금 지나가던 고층운이** 화산에 긁히기라도 한 것일까? 아니다. 구름층에 나 있는 베인 상처 모양은 사실 근처 뉴플리머스 공항에서 이륙한 비행기가 구름층을 뚫고 올라가면서 만들어 낸 구름의 흩어짐 흔적dissipation trail, distrail이다. 비행기 날개 주변에서 발생하는 난류가 냉각효과를 일으켜 구름층을 이루는 과냉각 물방울을 얼어붙게 만들었다. 이 얼음 결정들이 커지다 보면 구름 아래로 낙하하면서 그 아래 건조하고 따뜻한 공기 속에서 증발해 사라지고 결국 고층운에 틈이 남는다. 그레이엄 빌링허스트가 이 흩어짐 흔적을 발견했을 때는 우연히도 타라나키산의 봉우리가 이 흔적의 끝부분과 완벽하게 겹쳐 보인 것이다. 휴, 다행히도 구름 상해보험 계약 조건을 확인하느라 골치 아플 필요는 없겠다.

미국 애리조나주
코코니노 카운티
투투베니 암각화
유적지 위로 떠 있는
봉우리적운.
구름 부족이 발견하고,
날씨 좋은 날 적운
아래서 톰 빈(41,135번
회원)이 촬영.

**지금의 미국 애리조나주에** 해당하는 지역의 호피족 사람들은 그랜드캐니언을 옹툽카라고 부르며 그곳으로 순례를 가고는 했었다. 이 여정 중에 그들은 종종 가던 길을 멈추고 에코클리프의 바위 위에 상징을 새기기도 했다. 이 암각화 중에는 1200년대에 새겨진 것도 있으며, 투투베니로 알려진 유적지는 현재 서로 다른 부족들이 남긴 5천 개 이상의 상징이 새겨진 고대 기념물로 보호받고 있다. 그 부족 중 하나가 바위 아래쪽을 따라 일렬로 줄들이 매달려 있는 삼각형 모양을 그려 비를 내리는 구름을 표현해놓았다. 그래서 역사가들은 이제 이 부족을 '구름 부족Cloud Clan'이라고 부른다. 우리는 이들이 구름감상협회의 초창기 회원들이었다고 생각하고 싶다.

난기류 구름. 잉글랜드 워릭셔주 햄프턴 루시 상공에서 비행기가 착륙 대기 중에
공중을 선회하면서 남긴 항공기 응결 흔적 아래서. – James Tromans

**잉글랜드 워릭셔 상공에** 이상한 테 무늬가 등장하자 구름추적자 제임스 트로만스가 우리에게 그 이유를 물어왔다. 구름 탐정의 수사 시간이 찾아온 것이다. 이 구름의 모습을 보면 인간이 만들어낸 것인 듯 부자연스러운 점이 존재한다. 우리는 이 사진이 코번트리 공항을 바라보며 찍은 것이 아닐까, 하는 생각이 들었다. 비행기가 이 구름 효과를 만들어낸 것이 아닐까? 항공기 응결 흔적은 비행기 날개 주변에 생기는 소용돌이와의 상호작용 때문에 가끔 지퍼 비슷하게 돌출된 형태로 만들어지기도 한다. 수사 결론: 이 구름 형태는 구름 밑면 바로 위에서 착륙대기 상태로 공중을 선회하던 비행기에 의해 생겨났다. 이 비행기의 비행운은 구름 속에 숨겨져 있었고, 지퍼 모양의 돌출부들은 날개의 난기류가 아래로 뻗치면서 생겼다. 구름추적 탐정이 또 하나의 사건을 해결한 것이다.

번개가 신의 분노라면,
신은 나무에 제일 관심이
많은 것 같다.

- 6세기경 중국의 철학자 노자의 말로 추정

플로리다해협과 쿠바섬을 가로지르며
어슬렁거리는 적란운 무리.
국제우주정거장에 탑승한 NASA의
우주비행사 리키 아널드가 촬영.
폭풍우 구름들은 이렇게 무리를 지어 다니며
사냥하기를 좋아한다.

브레이크댄서가 멋진 춤동작을 선보이고 있다.
루마니아 잘라우.

- Fiorella Iacono(9,702번 회원)

존 로저스 콕스,
〈잿빛과 금빛〉(1942).
– Steven Grueber
(41,808번 회원)

**존 로저스 콕스의** 이 그림이 1942년에 뉴욕의 메트로폴리탄 미술관에 처음 전시됐을 때 지평선 위로 솟아오르는 검은 봉우리적운의 상징적 의미를 놓친 이는 거의 없었다. 교차로, 곡식이 무르익은 금빛 들판, 앞쪽에서 덮쳐오는 검은 폭풍우 구름. 콕스는 미국이 제2차 세계대전에 참전하고 얼마 되지 않아 이 그림을 그렸다.

상단접호.
**왼쪽**: 체코공화국
플젠주 말레치
- Karel Jezek(34,987)
**오른쪽**: 노르웨이
아케르스후스
에이크스마르카
- Monica Nitteberg

**여기 나오는 상단접호**upper tangent arc처럼 일부 무리현상은 태양의 고도에 따라 모양이 다양하게 나타난다. 무리현상은 햇빛이 대기 중에 있는 작은 육각형 얼음 결정을 통과하는 동안에 굴절되어 일어난다. 아마도 햇빛이 얼음 결정을 통과하면서 내면에서 반사되어 나올 것이다. 접호는 온대지역에서는 약 한 달에 한 번꼴로 형성되니, 상대적으로 흔한 편이다. 오른쪽 사진에서 보듯이 태양이 지평선 위에 약 10도 정도로 낮게 걸쳐져 있을 때는 접호가 'V' 모양을 이룬다. 왼쪽에서 보듯이 태양 고도가 30도 정도로 높아지면 접호가 납작해지고 그 가장자리가 태양 주변으로 휘어진다. 산비탈이나 비행기 위처럼 높은 데서는 접호가 태양 아래쪽에서 보일 수도 있다.

**열 가지 주요 구름 유형에서** 권적운이 제일 드문 한 가지 이유
는 이 구름이 한 형태로 오래 머무는 법이 없기 때문이다. 권적
운은 항상 또 다른 형태로 넘어가는 과도기에 있는 구름이다.
이 구름은 고도가 대단히 높기 때문에 작은 구름 조각 속에 들
어 있는 물방울들이 곧 얼음 결정으로 얼어붙는다. 그럼 이 구
름은 다른 상층운 중 하나로 변하기 시작한다. 권운의 긴 얼음
꼬리로 흘러내리거나, 미세한 권층운의 얼음 결정 층으로 흩어
지는 것이다. 우리는 다른 자연을 분류할 때처럼 구름도 깔끔
하게 항목별로 분류하기를 좋아한다. 하지만 주요 구름 유형
중 가장 덧없고 일시적인 형태인 권적운은 우리에게 구름은
좁은 틀 속에 갇히기를 거부하는 존재임을 다시금 일깨워준다.

적운과 적란운.
인도네시아 반텐주
파게동안 해안의 노을.
- Nizma Arifin
(36,177번 회원)

**키아로스쿠로라는 기법은** 르네상스 시대의 화가들, 그중에서도 레오나르도 다빈치와 카라바조 등이 개발했다. 이 기법은 밝은 색조와 어두운 색조의 강한 대비를 이용해서 그림의 극적 요소를 고조시킨다. 이 사진을 보면 그들이 어디서 그런 아이디어를 얻었는지 딱 보이지 않는가?

**드넓은 먼지의 강이** 사진 아래쪽에 나와 있는 서부 아프리카의 사하라 사막과 위쪽에 나와 있는 남미의 아마존 분지를 잇고 있다. 사하라 사막의 먼지 구름이 아메리카 대륙의 공기 질에 부정적인 영향을 미칠 수야 있겠지만, 이 먼지 구름이 당신 생각처럼 환영 받지 못하는 손님인 것만은 아니다. 이 구름을 통해 운송되는 막대한 양의 미립자가 아마존 분지에서 긴요한 비료 역할을 하기 때문이다. 이 지역은 풍부한 강수량 때문에 토양에서 영양분이 침출되어 나와 거대한 아마존강을 통해 바다로 쓸려나간다. 하지만 사하라의 고대 해저에서 나온 인 성분이 바람을 타고 이곳에 도착해서 이렇게 빠져나간 영양분들을 대체해준다.

〈기구에서 관찰한 유성〉.
빅토리아시대의 선구적 기구 탐험가 제임스 글레이셔,
카미유 플라마리옹, 윌프리 드 퐁비엘, 가스통 티상디에가 펴낸
《기구 여행》(1871)의 삽화.

미국 플로리다주 노스마이애미비치에서
조깅을 즐기고 있는 브로콜리 봉오리.
− Adam Littell

부챗살빛.
미국 몬태나주 뷰트.
- Mark Hayden

**미국의 자연주의자** 헨리 데이비드 소로의 1851년 7월 10일 일기: "장밋빛이 감도는 저녁 붉은 기운 아래 낮게 깔린 두 개의 웅장한 구름 산. 지중해에서 바라보며 그린 스페인 해안 그림에서나 보았을 법한 머나먼 그 구름 산 사이 거대한 협곡을 통해 나는 한 도시를 바라본다. 그 어떤 여행자도 그 거리에 발을 디뎌본 적 없고, 이미 태양의 말들은 그 도로를 따라 서둘러 지나가버린 영원한 서쪽의 도시, 유령의 도시, 상상의 살라망카를."

노을빛에 물든 렌즈고적운이
그 아래 그랜드캐니언의 윤곽과 지층을 흉내 내고 있다.
미국 애리조나주.
– John Bigelow Taylor(42,972번 회원)

다이아몬드 가루에서 나타난 무리. 오스트리아 티롤주 상트안톤 암 아를베르크, 스타들레.
- Joost van Ekeris

**하버드대학교의 저명한 생물학자** E. O. 윌슨은 이렇게 말했다. "지혜로 나아가는 첫걸음은 대상을 올바른 이름으로 부르는 것이다." 이 광학현상은 그 점을 아주 적절히 보여주는 사례다. 햇빛이 다이아몬드 가루라는 반짝이는 얼음 결정 안개를 통과하며 빛날 때 생기는 이 호arc들은 흰색이나 다양한 색을 띠고 있고, 각각 이름이 있다. 위에서 아래 방향으로 이 호들의 이름은 '천정호', '외상방호supralateral arc', 희미한 '페리호Parry arc', '상단접호', '22도 무리'다. 태양의 위치는 아래 오른쪽 방향으로 사진 바깥쪽에 있다. 이거 하나는 기억해두자. 이름을 붙이는 것이 지혜로 나아가는 첫걸음일지라도 우리 대기의 정교한 아름다움을 말 없이 올려다볼 수 있는 능력을 절대 잃어버리면 안 된다.

**오른쪽:** 화성의 거대한 아르시아 몬스 화산에서 길게 뻗어 나온 구름의 자취. 이런 물얼음water ice 구름은 바람이 화산 위로 불 때 규칙적으로 형성되고, 화성의 하루가 지나는 동안 산 정상에서 바람의 방향으로 길게 늘어지는 경향이 있다. 이런 구름이 지구에서 나타났으면 '깃발구름'으로 불렸을 것이다. 물론 화성인들은 자기들만의 이름을 갖고 있겠지만.

**아래쪽:** 기온이 충분히 낮은 경우에는 발전소 냉각탑에서 솟아오르는 수분이 구름을 만들어낼 수 있다. 중공업에서 만들어지는 이런 구름을 공식적으로는 '인간활동유래적운Cumulus homogenitus'이라고 부른다. 인간의 활동이 만들어낸 적운이라는 뜻이다.
잉글랜드 켄트주 그레인섬.
- Raymond Kenward

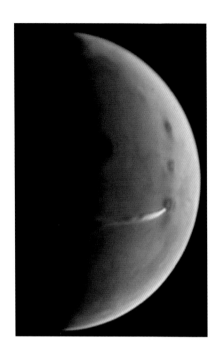

**셰익스피어의 희곡《햄릿》**에서 아첨을 일삼던 신하 폴로니어
스는 덴마크의 왕자 햄릿이 구름에서 보았다고 하는 것은 무
엇이든 자기도 보인다고 한다.

햄릿: 저기 낙타 모양으로 생긴 구름이 보이시오?
폴로니어스: 맹세코 말씀드리는데, 정말 낙타처럼 생겼군요.
햄릿: 내 생각에는 족제비처럼 보이는데.
폴로니어스: 등이 정말 족제비처럼 생겼군요.
햄릿: 아니면 고래를 닮았나?
폴로니어스: 그러게요. 고래를 꼭 닮았습니다.

여기서 얻을 수 있는 교훈은 다른 사람이 구름에서 무엇이 보
인다고 하든 신경 쓸 필요 없다는 것이다. 그렇긴 해도 이 사
진에 나온 구름은 향유고래하고 좀 비슷하지 않나 싶다.

The Rainy Day
"Behind the clouds is the sun still shining"

마일스 버킷 포스터가
롱펠로의
〈비 오는 날〉을 위해
펜과 잉크로 그린 삽화
(1850년대).

**이 삽화는** 헨리 워즈워스 롱펠로의 1841년 시 〈비 오는 날〉의 출판에 맞추어 마일스 버킷 포스터가 그린 것이다. 그 시에는 다음과 같은 유명한 시구가 들어 있다.

조용, 슬픈 마음이여! 한탄일랑 말지어다.
구름 뒤로 여전히 태양은 비치고 있다.
그대의 운명은 뭇사람의 운명이려니
누구에게나 약간의 비는 내리는 법이다.

1969년 7월 20일 지구돋이.
사령선에서 달착륙선이 분리되기 직전에
아폴로 11호의 우주비행사들이 달에서 바라본 모습.

**구름무지개는** 창백한 얼굴의 무지개 사촌 격이다. 두 광학현상은 모두 물방울에 의해 생기고, 모두 태양이 꽤 낮게 떠서 당신의 뒤에서 빛날 때 나타난다. 무지개가 건강하고 밝은 색을 띠는 이유는 비의 물방울이 더 큰 덕분이다. 이런 큰 물방울은 빛을 당신에게 반사시킬 때 굴절을 통해 빛의 파장을 하나하나 모두 분리해준다. 구름무지개도 하는 일은 똑같지만 구름의 물방울이 훨씬 작아서 그 크기가 빛의 파장 길이에 더욱 가깝다. 그래서 빛을 흐릿하게 만들어 탈색시키는 효과가 있다. 비까번쩍한 무지개 사촌과 비교하면 구름무지개의 색조는 너무 약하고 연해서 간신히 구분할 수 있을 정도밖에 안 된다. 때로는 아무런 색도 띠지 못할 수도 있다.

야광구름.
러시아 모스크바,
필리, 모스크바강.
- Dmitry Kolesnikov

**야광구름은** 50-70도 사이의 고위도 지역에서 어두워진 후에만 보인다. 이 구름이 어두운 밤하늘을 배경으로 유령 같은 푸른 기운의 잔물결처럼 빛을 낸다. 이 구름이 형성되는 고도는 85킬로미터 정도로 중간권 상층에 해당한다. 워낙 높은 곳에 떠 있기 때문에 해가 지평선 아래로 내려가 낮은 대기층이 그늘에 들어간 지 오래된 후에도 계속 빛을 받을 수 있다. 이름이 '밤에 빛난다'는 의미의 라틴어에서 유래한 이유도 그 때문이다. 야광구름을 볼 수 있는 계절은 한여름이다. 낮은 대기층의 온도가 더 따뜻하면 그와 함께 중간권 상층의 온도는 더 내려가기 때문이다. 미세한 얼음구름이 형성되려면 이런 조건이 필요하다.

사하라 사막의 눈.
NASA의 랜드셋 8호
위성과 셔틀 레이더
지형 미션에서 얻은
데이터를 결합해서
얻은 영상.
– Joshua Stevens

**사하라 사막**이 썰매를 타러 갈 만한 곳이라 생각하는 사람은 없을 테지만 2018년 1월에 알제리 북쪽의 마을 아인 세프라의 거주민들에게 실제로 그런 일이 일어났다. 마을 근처의 가장 높은 모래언덕 비탈에 30센티미터의 눈이 내린 것이다. 사실 사하라 사막에도 눈이 내린 적이 없지는 않다. 사하라 사막도 밤에는 영하로 떨어지는 경우가 종종 있기 때문이다. 그전에는 2016년 12월에 이 지역에 눈이 내린 적이 있다. 이번 경우엔 눈이 몇 시간 넘게 쌓여 있다가 한낮 사막의 열기에 녹아서 사라졌다.

렌즈고적운.
스코틀랜드 뷰트의
로스시.
- Laura Stephens

**원반 모양의 렌즈구름이** 이 사진처럼 다른 렌즈구름 위로 겹겹이 쌓여서 나타나기도 한다. 이런 구름 유형을 프랑스어로는 'pile d'assiettes(접시 더미)'라고 한다. 이 구름 형태는 상층풍에 건조한 공기층과 습한 공기층이 겹겹이 겹쳐져 있을 때 언덕이나 산의 바람이 불어가는 쪽에 나타날 수 있다. 공기의 흐름 속에서 산악파가 솟았다 내려오는 부분이 생기면 건조한 공기층 사이사이에 끼어 있는 습한 공기층 안에서 접시가 겹겹이 쌓인 형태의 렌즈구름이 형성될 수 있다.

독수리 권운이 파란 하늘 위에서 쉬운 먹잇감을 찾고 있다.
프랑스 오베르뉴론알프 레잘뤼.
- James McAllister

유방구름을 동반한
적란운. 미국 텍사스주
보이드스톤.
- Christina Brookes
(33,764번 회원)

이것은 유방구름으로 알려진, 구름의 부가적 특성이다. 뚜렷한 주머니 형태의 구름이 생길 수 있는 몇몇 주요 구름 유형이 있지만 그중 가장 극적인 것은 거대한 적란운 꼭대기에서 밖으로 뻗어나가는 구름 아래쪽에서 생기는 것이다. 이 구름은 구름의 이동 방향 뒤쪽으로 나타나는 경향이 있기 때문에, 하늘이 극적인 유방구름으로 채워져 있다는 것은 폭풍이 가까이 있기는 하지만 나에게서 멀어지고 있음을 알려주는 신호인 경우가 많다.

171

발생 중인 적란운 앞에
생긴 두루마리구름.
네덜란드 잔드보르트
- Ko van Hespen
(36,654번 회원)

**수평으로 길게 뻗어 있는** 이 튜브 형태의 구름은 코 반 헤스펜이 네덜란드의 해안에서 발달 중인 적란운의 앞쪽에서 촬영한 것이다. 이 구름은 볼루투스 혹은 두루마리구름이라고 한다. 폭풍의 앞에서 형성되는 두루마리구름은 아치구름 혹은 선반구름이라는 구름 특성과 밀접한 관련이 있다. 하지만 아치구름의 경우, 두루마리 모양은 비슷하지만 이 사진의 것처럼 따로 떨어져 있지 않고 폭풍의 본체와 붙어 있다. 이 사진에 나와 있는 것처럼 폭풍에 유도되어 그 앞쪽에서 생기는 두루마리구름은 폭풍의 앞쪽에서 앞을 향해 밀며 나가는 보이지 않는 공기 파동 안에서 시속 50킬로미터의 속도로 구르며 나갈 수 있다.

앨프리드 스티글리츠, 〈등가물〉(1926), 은염사진.
- Lou Morgan(28,857번 회원)의 제안.

**미국의 사진작가** 앨프리드 스티글리츠는 추상미술로서 사진이 지닌 잠재력을 최초로 탐구한 사람이다. 그는 카메라를 하늘로 향해 1923년에서 1934년까지 220장 정도의 구름 사진을 찍었는데, 그 사진들은 대부분 기준으로 삼을 만한 땅이나 대상이 들어 있지 않고 추상적인 하늘의 형태에만 초점을 맞추었다. 오늘날의 구름추적자에게는 당연하게 느껴지겠지만 당시만 해도 이것은 혁명적인 시도였다. 스티글리츠는 이어지는 시리즈 이름을 〈등가물〉이라 지었다. 그는 이것이 느낌, 마음 상태와 등가물이라 여겼다. 이 사진들은 사진이 예술의 한 형태로 발달하는 데 큰 영향을 미쳤다. 1948년, 미국의 풍경사진작가 앤설 애덤스는 〈등가물〉을 본 것이 자신에겐 사진과 관련된 강렬한 첫 경험이었다고 말했다.

적란운 폭풍 구름은 대기의 숭고한 힘을
자신의 몸으로 체화해서 보여준다.
적란운은 대기의 기념비다.
미국 노스캐롤라이나주 헌터스빌.
– Lauren Antanaitis(25,124번 회원)

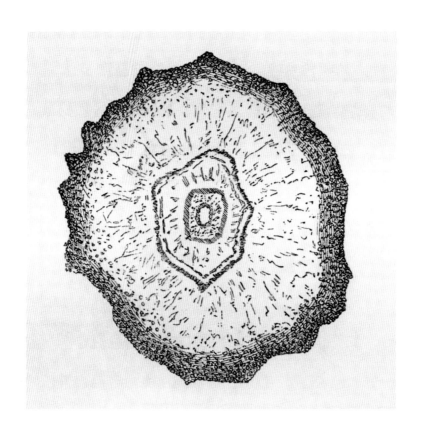

커다란 우박의 단면. 카미유 플라마리옹, 《대기》(1872).

1872년에 카미유 플라마리옹의 책 《대기》에 실린 삽화다. 이 그림은 커다란 우박의 절단면을 그린 것으로 우박 중심부로부터 얼어붙은 거품이 퍼져나가는 모습과 뚜렷한 동심원 무늬를 함께 보여준다. 내부의 이 동심원은 우박의 전형적인 특성으로, 거대한 적란운 폭풍구름 내부에서 이 얼음덩어리가 어떻게 자라는지 말해준다. 우박은 구름 속 격렬한 공기 흐름에 휩쓸려 상승과 낙하를 반복하는 과정에서 점진적으로 자라난다. 각각의 우박 알갱이는 구름의 아래쪽에서 빗속을 뚫고 떨어지는 과정에서 겉에 물이 묻는다. 그러다 우박이 커다란 상승 기류에 휩쓸려 추운 위쪽으로 올라가면 이 물기는 곧 얼어붙는다. 한 공기 흐름은 반대 방향의 공기 흐름으로 이어지기 때문에 우박은 이런 식으로 여러 번 상승과 낙하를 반복한다. 우박은 모든 구름의 어머니인 적란운의 요동치는 배 속에서 자연이 한겹 한겹 쌓아서 만들어낸 얼음 눈깔사탕인 셈이다.

175

안개. 인도네시아
발리섬 바투르산.
– Lodewijk Delaere

멀리서 바라본 풍경은
우리를 즐겁게 하지만
가까이에선 사막의 바위와
덧없는 공기를 마주할 뿐이다.

– 새뮤얼 가스,《조제실》(1966) 3편

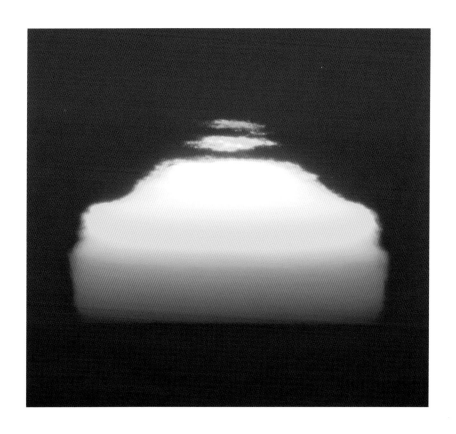

녹색섬광. 미국 캘리포니아주 앨비온에서 바라본 태평양의 일몰.
– Dennis Olson(28,231번 회원)

**이 일몰 사진의 위쪽에서** 작은 원반 모양의 빛이 생생한 에메랄드빛으로 타오르고 있다. 이것은 녹색섬광이라는 광학효과다. 수평선 위에서 태양의 위쪽에 깜박이는 이 색은 지속시간이 몇 초에 불과하고 대기의 특정 조건에 따라 달라진다. 햇빛은 지구의 대기 때문에 위쪽으로 굴절된다. 그런데 태양이 낮게 뜬 상태에서는 스펙트럼의 초록색 부분이 다른 색보다 더 강하게 굴절되기 때문에 위쪽 가장자리를 따라 초록색 테두리를 두른 것처럼 보이게 된다. 수면 근처의 공기 온도가 가짜 신기루라는 효과를 야기할 때는 녹색섬광이 이렇게 빛의 원반으로 분리되어 나온 듯 보일 수 있다. 가짜 신기루는 해류가 아래쪽 공기를 냉각시켜 갑작스런 기온역전을 일으킬 때 바다에서 가끔 보인다.

굿모닝, 타이탄! 토성의 가장 큰 위성의 북극 너머로
여명이 밝아오는 순간, 위성의 상층대기에서 우유처럼 희뿌연
연무가 NASA의 카시니 우주선에 포착되었다.
이 안개층은 수분이 아니라 대기의 메탄과 질소 가스에서
기원한 복합분자로 이루어졌다.

조토의 13세기
프레스코화의 구름
속에 숨어 있는 악마.
역사가 키아라 프루고
니 박사가 발견.

프루고니는 30년 넘게 조토의 프레스코화를 연구해오다가
2011년에 이탈리아 아시시의 산 프란체스코 교회에 있는 그
림 중 하나에서 그전까지 누구도 알아차리지 못했던 것, 즉 구름
한구석에 숨어 있는 얼굴 형태를 찾을 수 있었다. 그것은 뿔 달
린 완벽한 악마의 얼굴로 보였다. 조토가 이 그림을 그린 이후로
720년이 넘게 수없이 많은 방문객이 이 그림을 감상했지만 이
를 알아차린 사람은 아무도 없었던 것 같다. 프루고니의 발견은
많은 질문을 낳았다. 화가가 구름 속에 악마를 숨겨놓은 이유는?
그는 이 작품을 의뢰한 프란체스코회에 이 사실을 알렸을까? 하
나는 확실하다. 이 프레스코화는 서구의 미술 작품 중 구름 속에
형상을 묘사해놓은, 지금까지 알려진 최초의 사례라는 것이다.

황도광. 유럽남방천문대의 라실라 천문대(칠레)에서 포착.
- Yuri Beletski

**맑은 하늘에 달도 없고** 빛 공해도 없는 곳이라면 해 뜨기 한 시간 전이나 해 지고 한 시간쯤 후에 태양이 숨어 있는 방향의 지평선에서 창백한 고깔 모양의 빛이 솟아오르는 것을 볼 수 있을지도 모른다. 황도광이라고 하는 이것은 태양계 아주 먼 곳에서 기원한 현상으로, 멀게는 목성 거리에 이르기까지 태양 주위를 돌고 있는 셀 수 없이 많은 미세한 성간먼지 입자들이 햇빛을 지구로 다시 반사시켜서 생겨난다. 이 빛은 황도 12궁의 선을 따라 움직인다. 황도 12궁은 천구 상에서 태양이 지나는 길인데 이 길을 연결해서 생기는 면에 성간먼지들이 자리 잡고 있기 때문이다. 칠흑같이 어둡고 맑은 하늘에서는 이 빛이 하늘 전체를 뒤덮고 있는 것을 볼 수도 있지만, 보통은 이렇게 부분적으로 나타나며, 아침에 나타나는 것을 가짜 새벽이라고도 한다.

편평운.
잉글랜드 웨스트요크
서주 이스트우드.
- Margot Redwood

숨 쉬는 공기, 냄새, 꽃과 잎, 들풀, 지나는 구름,
자연의 그 모든 것들이 그 어느 때보다도
더 아름답고 경이로워 보인다.

- 에스더 서머슨이 오래도록 병을 앓고 처음으로 밖에 나선 장면,
찰스 디킨스 《황폐한 집》(1853)에서

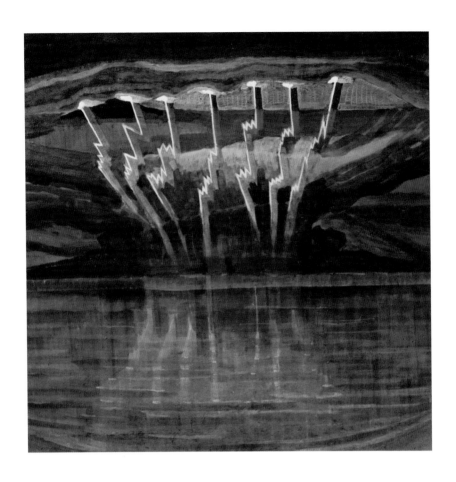

리투아니아 추상미술의 선구자 미칼로유스 치우를리오니스,
〈번개〉(1909).

방사파상층적운.
잉글랜드 버킹엄셔주
스완본.
– Chris Damant

**잉글랜드 남부의 밤하늘에** 펼쳐진 방사파상층적운. 이렇게 낮게 깔린 두루마리 모양의 구름을 만들어낸 공기의 파동은 고도에 따라 바람의 속도가 현저하게 증가할 때 생기는 윈드 시어와 안정적인 대기 상태가 조합되어 생겨난 것이다. 이 조합에 의해 공기가 위아래로 출렁거리게 되는데, 조건이 맞아떨어지면 이런 출렁임으로 인해 공기가 상승하는 부분에서는 구름이 만들어지고, 그 사이사이에서는 하늘이 맑게 열린 틈이 만들어진다. 원근법 때문에 부챗살처럼 퍼지는 것처럼 보이는 이 두루마리 모양 구름은 조용한 밤하늘을 소리 없이 흘러간다. 그 아래서 꿈나라에 빠져 있는 사람들은 이런 구름이 있었는지도 모를 것이다.

이류안개. 미국
캘리포니아주
샌프란시스코, 금문교.
- Michael Warren
(37,489번 회원)

**이류안개는** 습기를 머금은 공기가 차가운 표면 위를 차분하게 떠다니며 냉각될 때 만들어진다. 그 표면은 차가운 땅이 될 수도 있고, 여기 샌프란시스코만처럼 깊은 해저에서 해류가 솟아오르는, 물이 찬 연안해역일 수도 있다. 만으로 불어오는 부드러운 미풍은 따뜻한 태평양의 바다를 건너오는 동안 습기를 머금는다. 그리고 만 위를 불어가는 동안 공기가 냉각되면서 이 습기가 작은 물방울로 응결되어 표층 높이의 층운, 즉 안개로 나타나게 된다. 샌프란시스코의 여름 환경은 이류안개가 생기기에 완벽한 조건이다. 이 안개는 오랜 친구의 포옹처럼 금문교를 반겨준다.

부챗살빛과 고적운.
스코틀랜드
애버딘셔주 뉴디어.
- Roger Lewis
(36,182번 회원)

자연의 목소리가 크게 소리 내어 울고,
하늘로부터 수많은 메시지가 내려옵니다.
우리 안의 무언가는
결코 죽는 법이 없노라고…

- 로버트 번스, 〈새해 첫날, 던롭 부인에게〉(1790)

**모든 구름 유형 중에서** 흉내 내기의 으뜸은 역시 적운이다. 적운은 경계도 가장 명확하고 형태도 가장 분명하기 때문에 우리의 상상력을 자극한다. 3차원으로 쌓여 있는 이 수분 덩어리를 보다 보면 익숙한 사물이나 얼굴이 떠오를 수밖에 없다. 이 사진 속의 구름은 사물 겸 얼굴을 떠올리게 한다. 바로 기원전 1353년에서 1336년까지 이집트를 다스렸던 네페르티티 여왕의 돌 흉상이다. 매년 수천 명의 방문객이 독일 베를린의 신박물관을 찾아와 이 흉상을 관람하지만 구름에 담긴 이 흉상을 감상한 사람은 파울라 맥스웰 한 명밖에 없다. 그녀만이 짧은 시간 동안 파란 하늘을 배경으로 나타났다가 사라진 이 구름을 지켜볼 기회를 누렸다.

환일parhelia, 혹은 가상 태양mock sun이라고도 하는 무리해 sun dog는 햇빛이 대기 중의 육각형 얼음 결정을 통과하며 굴절되어 생기는 것으로, 태양의 양쪽에 나타난다. 위 사진에 나오는 한 쌍의 무리해는 이탈리아 마조레 호수 상공의 권층운에서 미켈라 무라노와 발레리아노 페르테겔라가 찾아냈다. 아래 사진의 무리해 쌍은 약 500년 전 즈음에 《뉘른베르크 연대기》에서 발견됐다. 하르트만 셰델이 쓰고 미카엘 볼게무트가 삽화를 그린 이 성경 역사책은 1493년에 독일 뉘른베르크에서 출판되었고, 삽화가 들어간 최초의 인쇄서적 중 하나다. 이들이 그 책 속에 무언가 유용한 것을 담기로 결정한 것이 우리로서는 기쁘기 그지없다.

일반적으로 중층운인 고적운이 만들어내는 노을이
가장 아름답다. 여기 고적운이 빚어낸 작품 하나를 소개한다.
미얀마 인레 호수.

– Steven Grueber(41,808번 회원)

IRAS 05437+2502
성운.
허블 우주망원경에서
포착.

**상대적으로 크기가 작은** 이 성간구름이 흥미로운 이유는 그
위쪽을 향해 나 있는 밝은 부메랑 모양 때문이다. 이것은 구름
에서 새로 형성되어 나온 항성으로, 성운의 가스와 먼지 속에
지나간 자취를 남기고 있다. 이 항성은 시속 20만 킬로미터
정도의 속도로 돌진하고 있기 때문에 이 부메랑이 다시 원래
의 자리로 돌아올 일은 없을 것이다.

평행하게 줄지어 있는 명주실권운Cirrus fibratus이
포기구름floccus 대형으로 흩어지고 있는 모습이
멕시코 소노라의 시에라 데 알라모스 산맥 12월 하늘에
밀짚을 늘어놓은 것 같다.
- Suzanne Winckler(41,844번 회원)

190

**카스파르 다비트 프리드리히의** 1817년 그림, 〈안개 바다 위의 방랑자〉는 층운의 심포니다. 독일의 이 낭만주의 화가는 작센과 보헤미아의 엘베 사암산맥을 산책하다가 그린 스케치를 바탕으로 이 장면을 그렸다.

미국 코네티컷주
글래스턴베리,
슈닙싯 트레일.
- Dennis Paul Himes
(5,003번 회원)

사람들은 피부에 와 닿는
안개의 느낌을 사랑한다.
그 느낌은 물에 잠긴 듯 축축하고
차갑지만, 부드럽고 위안을 준다.
그것은 원초적인 경험이다.

- 후지코 나카야, 86세의 현대 일본 화가

깃발구름. 마터호른에
서 등산을 하다가 스위
스와 이탈리아 사이 국
경에서 촬영.
– John Callender
(26,942번 회원)

스위스와 이탈리아의 경계에 우뚝 솟아 있는 4,478미터의 마
터호른은 이미 너무도 장엄해서 뭐 하나 더 보탤 것이 없을
것이다. 하지만 이 사진 속의 구름이라면 이야기가 달라진다.
이 구름은 산봉우리의 바람이 불어가는 쪽에서 펼쳐지고 있
었다. 이쪽에서는 강한 바람 때문에 기압이 떨어진다. 이렇게
낮아진 기압이 그 아래 있던 공기를 바람이 불어가는 쪽 경사
면을 따라 빨아들인다. 이렇게 상승하는 공기는 그 과정에서
팽창하고, 또 그 위의 찬바람과 섞이기 때문에 냉각된다. 그럼
그 안에 들어 있던 수분이 물방울로 응결한다. 이런 식으로 생
긴 구름을 깃발구름이라고 한다. 하지만 이것을 보면 깃발이
아니라 뾰족한 마터호른 산봉우리에 찢겨 바람에 날리는 거
대한 스카프라는 생각도 든다.

붉은 스프라이트.
미국과 중앙아메리카
상공에서
국제우주정거장에
탑승한 우주비행사들
이 촬영.

**이 사진엔** 달 바로 왼쪽에 여간해서는 포착하기 힘든 현상인 스프라이트가 보인다. 그 붉은 빛줄기가 거대하다. 이것은 대기의 높은 곳에서 순간적으로 형성되는 방전이다. 그 아래로 거대한 뇌우thunderstorm에서 번개가 치고 있다. 이 번개는 표면 근처의 밝은 하얀색 조각으로 나타난다. 스프라이트는 폭풍보다 50-90킬로미터 높은 곳에서 생긴다. 엄청난 고열인 번개와 달리 해파리처럼 생긴 이 붉은 섬광은 사실 차가운 플라스마 방전이다. 번개나 스프라이트 모두 지속시간은 몇 밀리초에 불과하기 때문에 이것을 사진에 담으려면 초고속 카메라가 필요하다.

한 마리 새가 태양을 보며 어찌나 아름다운 멜로디로
노래를 하는지, 그 뒤로 하늘에 무리해가 나타났다.
이라크 쿠르드 자치구 에르빌.
- Azhy Chato Hasan (1,687번 회원).
이 새는 환일이라는 얼음 결정 광학효과를 만들어내는
권층운 아래 자리 잡은 적운으로도 알려져 있다.

복사안개. 호주 빅토리
아주, 야라 산맥.
– Phil Chapman

**열기구 전문가들이** 사랑하는 고요한 고기압의 날씨는 하강 기류와 관련이 있다. 하강 기류는 구름의 형성을 억누르고, 바람을 줄이고, 안개의 형성을 촉진하는 경향이 있다. 밤하늘이 맑으면 구름의 단열 작용이 없어져서 지면이 더 빠르게 식는다. 땅이 자신의 온기를 더 빠른 속도로 우주공간으로 방출하기 때문이다. 아침이 되면 차가워진 땅이 그 위를 떠다니는 공기를 충분히 냉각시켜 습기가 물방울로 맺히며 복사안개가 만들어진다. 안개가 아침 햇살에 황금색으로 물든 들판을 담요처럼 뒤덮고 있는 이 사진은 호주의 여름이 시작됨을 알리고 있다. 이 안개는 햇살이 다시 한 번 땅을 따뜻하게 데울 때까지만 지속된다. 그러고 나면 안개가 사라지고, 그와 함께 열기구 전문가들은 부드럽고 멋진 착륙을 꿈꾸게 된다.

Cumulonimbus mammatus — Cirrostratus fibratus — Cirrocumulus undulatus

Altocumulus stratiformis — Altostratus translucidus — Altocumulus undulatus

Cumulonimbus with tornado — Stratus opacus — Cumulus humilis

미국 우정국에서
2004년에 발행한
'구름 풍경' 우표.
잭 보든(009번 회원)의
노력에 감사드린다.

**미국 우정국에서** 온갖 연령의 우표 수집가들에게 대기과학에 대해 교육하는 것을 목표로 15장짜리 37센트 '구름 풍경' 우표를 발행했다. 각각의 우표는 특정 형태의 구름 사진을 보여주고 있으며 받침종이 뒷면에 각 구름 유형에 관한 간략한 설명을 달아놓았다. 이 우표들은 더 웨더 채널, 미국 국립해양대기국의 미국기상청, 미국기상학회의 도움을 받아 개발되었다. 하지만 이것이 세상에 빛을 보게 된 것은 매사추세츠주 애솔 출신 잭 보든의 캠페인 덕분이었다. "내가 정말 15년 동안 구걸하다시피 하고서야 우정국에서 내게 전화를 해서 구름 우표가 발행될 예정이라고 알려주더군요. 제 인내심에 테드 케네디 상원의원 같은 명사들로부터 간청해서 받은 추천장이 보태져서 결국 승리를 이끌어낸 거죠."

**하늘에서 이럴 수 있을까** 싶을 정도로 깔끔하고 경계가 명확한 원이 보인다면 구멍구름cavum cloud을 보고 있는 것이라 확신해도 좋다. '낙하줄무늬 구멍fallstreak hole'이라고도 한다. 이 구름은 세 번째 이름도 있다. '홀 펀치 구름hole punch cloud'이다. 이 구름은 정말 홀 펀치를 뚫어놓은 것처럼 보인다. 마치 커다란 쿠키 틀로 구름에 구멍을 찍어서 들어낸 것 같다. 이 구름은 완전한 원 모양이든 시가 모양이든, 똑바른 곡선을 하고 있어서 시선을 사로잡는다. 이것은 이 구름이 특별한 방식으로 형성되기 때문이다. 구름의 어느 한 부분에서 과냉각된 물방울이 얼어붙기 시작한다. 이 현상은 그 위에서 이 구름층으로 얼음 결정이 떨어지거나, 혹은 그 구름층을 뚫고 비행기가 올라가거나 내려갈 때 시작될 것이다. 이렇게 해서 생겨난 얼음 결정이 급속히 자라고 쪼개지면서 작은 얼음의 씨앗들을 만들어낸다. 그럼 이 씨앗들이 이웃한 물방울도 얼어붙도록 부추긴다. 과냉각되어 있던 물들이 일종의 연쇄작용을 거치며 얼어붙는 것이다. 그럼 이 얼음 결정들은 아래로 떨어진다. 사진에서는 이것이 우아한 하얀색 줄무늬로 나타났다. 그리고 얼음 결정이 떨어지고 난 자리에는 구멍이 남는다. 이 구멍의 명확한 기하학적 경계는 이 얼어붙기 연쇄과정이 퍼져나간 거리를 말해준다. 이 거대한 구름 쿠키는 누가 먹었을까? 아무도 모를 일이다.

이삭 레비탄,
⟨폭풍이 오기 전⟩
(1890).
‒ Andrew Pothecary
(3,769번 회원)

**이삭 레비탄**은 19세기의 유명한 러시아 풍경화가로, 서구권에서는 상대적으로 덜 알려져 있었다. 그는 '이동파 Peredvizhniki'라는 독립화가 집단의 구성원이었다. 이들에게 풍경화는 자랑스러운 러시아 정체성의 표현이었다. 이삭 레비탄은 느낌과 분위기가 충만한 '무드 풍경mood landscapes'으로 이름을 날리게 됐다. 이 화가는 1887년에 그의 친구이자 극작가였던 안톤 체호프에게 이런 편지를 썼다. "자기 주변의 모든 것에서 끝 모를 아름다움을 느끼고, 숨겨진 신비를 관찰하고, 세상만물에서 신을 눈으로 보면서도, 그 모든 위대한 감정들을 적절하게 온전히 표현할 수 없는 자신의 무능력을 깨닫는 것만큼 비극적인 일이 또 있을까?"

권층운과 권적운이 만들어낸 광환. 멕시코 소노라, 알라모스.
- Suzanne Winckler(41,844번 회원)

**광환**corona은 구름 물방울, 얼음 결정, 꽃가루같이 공중에 떠 있는 작은 입자에 의해 빛이 회절되어 생긴다. 빛은 파동처럼 행동할 때가 많기 때문에 구름 물방울 같은 장애물의 가장 자리를 스쳐 지날 때 살짝 휘어진다. 회절되는 빛의 양은 빛의 파장과 입자의 크기에 달려 있다. 파장에 따라 회절되는 양도 달라지기 때문에 그 효과로 빛의 스펙트럼이 분리되면서 태양이나 달 주변으로 색깔 테가 나타날 수 있다. 광환 중심의 희푸른 원반인 후광aureole은 흔하게 나타나고, 광환 바깥 주변으로 색깔 테가 보이는 경우는 그렇게 흔치 않은데 보통 적갈색을 띤다. 광환의 전체 크기는 구름 입자의 크기에 달려 있다. 이것을 물리학이라 불러도 좋고, 경이로움이라 불러도 좋다. 우리는 양쪽 모두라고 생각하고 싶다.

1999년에 우주왕복선 컬럼비아호에 탑승한 우주비행사들이
'사진 한 장에 최대한 많은 구름 담기' 대회에서 결승전 진출자
명단에 이름을 올렸다.

하늘로 치솟는 적운과
적란운이 지는 해에
붉게 물들고 있다.
미국 플로리다주,
싱어 섬.
- Luda Sinclair
(46,659번 회원)

하늘을 보는 사람을 보면 그 사람의 마음도 보인다. 어떤 사람은 하늘에서 구름만 본다. 어떤 사람은 경이와 전조를 본다. 어떤 사람은 아예 하늘을 올려다보지도 않는다. 마치 짐승의 머리처럼 땅만을 향한다. 어떤 사람은 하늘에서 고요함, 순수함, 말로 형언할 수 없는 아름다움을 본다. 세상은 장엄한 경관을 보겠다고 달려들지만, 정작 하늘의 경관을 보려 하는 이는 거의 없다.

- 헨리 데이비드 소로의 일기, 1852년 1월 17일

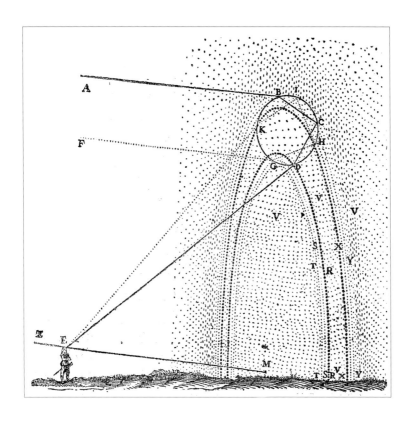

무지개의 광학 도해.
르네 데카르트, 《방법서설》(1637).

**프랑스의 자연철학자** 르네 데카르트는 1637년에 《방법서설》에서 무지개의 원리를 설명했다. 무지개가 형성되는 원리를 깨달은 사람이 그뿐은 아니었지만, 그는 물을 담은 커다란 유리구에 빛을 비추어 굴절과 반사의 각도를 계산하는 실험을 통해 우리가 광학을 더욱 잘 이해할 수 있게 해주었다. 이 삽화에서 원은 빗방울을, 직선은 물방울 속으로 들어갔다가 나오면서 휘어지고 굴절되는 햇빛을 나타낸다. 이 그림은 햇빛이 물방울 안에서 몇 번 반사되는지에 따라 1차 무지개나 2차 무지개가 형성될 수 있음을 보여준다. 책의 부록에서 그는 이렇게 적었다. "내가 구름의 본성을 설명할 수만 있다면, 사람들도 땅 위에서 일어나는 모든 놀라운 일들의 원인을 어떻게든 발견할 수 있음을 믿게 될 것이다."

적운.
호주
뉴사우스웨일스주
뉴캐슬.
– Tania Ritchie
(23,514번 회원)

**머리가 복잡할 때면** 언제나 고개를 들어 바라볼 수 있는 하늘이 있음을 기억하자.

비구름 아래 편난운. 잉글랜드 하트퍼드셔주 해트필드.
- Justin Parsons(15,125번 회원)

**탁 트인 광활한 하늘에는** 구름이 숨을 곳이 거의 없다. 하지만 어떤 구름은 훨씬 큰 이웃 구름을 배경으로 기가 막히게 위장을 할 수 있어 사람들 눈에 잘 띄지 않는다. 편난운Pannus은 검은 누더기 조각처럼 생긴 구름이다. 이 구름은 난층운Nimbostratus과 적란운처럼 비를 잔뜩 머금은 구름의 아래쪽에 매달려 있다. 이 구름은 비구름 아래로 수분을 잔뜩 머금은 대기에 수분이 포화되어 층운 비슷한 조각으로 응결할 때 형성된다. 이 구름은 그 위에 자리 잡은 구름의 본체보다 더 어두워 보이는데 이것은 그냥 이미 희미해진 햇빛을 또 한 번 가리기 때문에 그렇게 보이는 것이다. 만약 다른 구름 밑으로 누더기 같은 편난운이 보인다면 지금 비가 내리고 있거나, 방금 비가 내렸거나, 몇 분 안으로 비가 내릴 가능성이 높다.

2017년 8월, 미국에 있는 수백만 명의 사람들이 하늘 아래서 개기일식을 바라보았다. 당시 개기일식을 하늘 위에서 바라본 사람은 6명뿐이었다. 국제우주정거장에 탑승하고 있던 6명의 우주비행사 중 한 명이 촬영한 이 사진은 본그림자umbra라고 하는 달의 그림자가 미국의 하늘을 훑고 지나가는 모습을 보여준다.

남극광도 북극광만큼이나 장관을 이룬다. 남극광이 북극광만큼 주목을 끌지 못하는 이유는 대부분 외해에서 생기기 때문이다. 호주 빅토리아에서 촬영한 이 사진처럼 가끔 육지에서 보일 때는 남쪽 지평선 위로 나타난다.

조너선 스위프트가 1726년에 펴낸《걸리버 여행기》에는 라퓨타Laputa라는, 하늘에 떠 있는 거대한 섬이 나온다. 이곳의 거주민들은 일종의 자력 공중부양을 이용해서 섬을 움직일 수도 있다. 스위프트는 분명히 이 사진 속 구름처럼 단단해 보이는 층적운 조각에서 그런 아이디어를 얻었을 것이다. 스위프트는 라퓨타 사람들을 수학, 천문학, 음악에 집착하는 사람들로 묘사했다. 사실 이 사람들은 종종 사색에 깊이 빠지는 경향이 있어 자갈을 가득 채운 주머니로 계속 두드려 몽상에서 깨워주지 않으면 일상적인 생활을 할 수도 없을 정도였다. 그래서 그들은 하인을 한 명씩 두어 이 필수적인 역할을 수행하게 했다. 아주 유용한 서비스인 것 같다.

봉우리적운에서
폭발해 나오는 것처럼
보이는 부챗살빛.
이탈리아 라치오주
리에티.
- Tiziano Bartolucci

**대기 중의 연무 덕분에** 눈에 보이게 되는 구름 그림자를 부챗살빛이라고 한다. 이 사진에서 보는 것처럼 이렇게 솟구쳐 오른 적운 뒤에서 태양이 당신을 향해 비치고 있는 경우에는 부챗살빛이 구름으로부터 폭발해 나오는 것처럼 보인다. 구름이 그늘을 드리우는 대기 중의 연무층은 사실 구름의 꼭대기보다 아래에 있다. 따라서 구름보다 그림자가 당신과 더 가깝다. 하지만 원근효과 때문에 더 가까이 있는 그림자가 구름보다 더 커 보이고, 그래서 부챗살빛이 밖으로 퍼지며 다가오는 것처럼 보인다.

적란운에서 내리치는
번개. 베네수엘라
카타툼보강.
– Fernando Flores

**세계 최고의 번개**는 베네수엘라의 카타툼보강이 마라카이보
호수로 물을 쏟아내는 어귀에서 볼 수 있다. 이 불꽃놀이 같은
장관은 이 지역이 폭풍우가 자주 치는 열대수렴대에 자리 잡
고 있는 데다가 지형상 독특한 바람이 만들어지기 때문에 생
겨난다. 이 지역 상공에는 폭풍 구름이 많아서 폭풍이 1년 내
내 거의 이틀에 하루꼴로 일정한 장소, 일정한 시간에 발생한
다. 이 뇌우는 대단히 높고, 주거지역과도 멀리 떨어져 있어서
천둥소리 없이 번개만 보일 때도 많다. 이 고요한 폭풍은 하룻
밤에 열 시간까지 수많은 번개를 만들어내기 때문에 이 지역
사람들은 암막커튼이 있어야 잠을 잘 수 있다.

건축회사 딜러
스코피디오 앤
렌프로의 블러 빌딩.
2002년 스위스
엑스포에서 구름으로
만든 건물.

**건축회사 딜러** 스코피디오 앤 렌프로Diller Scofidio+Renfro에서 2002년 스위스 엑스포에 출품한 블러 빌딩Blur Building. 이 가 건물은 31,500개의 노즐로 뒤덮인 가벼운 프레임으로 만들어 졌다. 아래쪽 뇌샤텔 호수에서 펌프로 끌어올린 물을 이 노즐을 통해 분무한다. 방문객들은 걸어서 호수를 가로질러 입장한다. 분사구의 수압은 기온, 습도, 바람의 조건 등을 고려해서 컴퓨터로 통제되었으며, 다섯 달의 전시 기간 동안 블러 빌딩은 휘몰아치는 구름에 이렇게 계속 뒤덮여 있었다.

탑상벌집층적운.
알버트 카위프,
〈네이메헌 팔크호프가
보이는 풍경〉

**17세기 네덜란드 화가** 알버트 카위프는 그의 고향 도르드
레흐트에서 멀리 떠나는 일이 절대 없었다. 1655-1660년 작
품, 〈네이메헌 팔크호프가 보이는 풍경〉에서 이 화가는 벌집
구름lacunosus이라는, 구름 구멍이 뚜렷하게 보이는 보기 드문
탑상층적운을 포착해냈다. 멋진 일이다. 땅의 풍경 대신 하늘
의 풍경을 보면 굳이 세계를 누비고 다니지 않아도 놀랄 일은
얼마든지 있다. 그냥 밖으로 나가서 대부분의 사람이 놓치고
사는 일상적인 대상에 관심을 기울이면 된다.

갈퀴권운. 뉴질랜드 타라나키, 뉴플리머스.
- Graham Billinghurst(24,513번 회원)

**여기 나온 구름 종은** 갈퀴구름uncinus이다. 권운의 한 형태로 그 이름은 갈고리를 의미하는 라틴어에서 왔다. 이 구름은 상층운의 긴 얼음 결정 줄무늬 한쪽 끝이 갈고리처럼 휘어진 것이다. 보기와는 달리 이 구름 형태를 만들어내는 바람은 오른쪽에서 왼쪽이 아니라 왼쪽에서 오른쪽으로 불고 있다. 얼음 결정이 떨어지기 시작하는 갈고리 끝 쪽에서는 바람이 오른쪽으로 굉장히 강하게 불고 있다. 떨어지는 얼음 결정은 그 아래쪽에서 부는 바람을 통과하는데, 이 바람 역시 오른쪽으로 불고는 있지만 속도가 훨씬 느리다. 이렇게 윈드시어가 발생해서 고도에 따라 바람의 속도가 갑자기 느려지기 때문에 아래로 떨어지는 얼음 결정들이 점점 더 뒤로 처지게 된다. 갈퀴권운의 말꼬리 같은 형태를 통해 드러나는 이런 극적인 윈드시어는 기상전선이 다가오고 있음을 말해준다.

잉글랜드 킹스린
그레이트우즈강
위에서 서핑을 즐기고
있는 새끼돼지.
- Matt Minshall
(7,721번 회원)

느긋한 마음으로
해가 막 지고 난 후에,
혹은 달빛에 물든 밤하늘 아래서
흘러가는 구름으로 낙을 삼으니
이 어찌 즐겁지 않겠는가!

- 새뮤얼 테일러 콜리지,
〈막연한 공상, 혹은 구름 속의 시인〉(1819)

토네이도가 슈퍼세포 폭풍계supercell storm system의 요동치는
유입 부위에서 뻗어 나오고 있다. 일반적으로 전진하는 폭풍의
뒤쪽에 자리 잡는 이 유입 부위는 보통 벽구름murus으로 그
위치를 알 수 있다. 이 사진에서는 벽구름이 사진의 위쪽을
채우고 있다. 이것은 폭풍 구름이 땅을 만지고 싶을 때의
모습이다. 미국 오클라호마주 케이티.

– Dave Hall(840번 회원)

층운이 그리스 리구리오 근처의 에피다우로스 노천극장 무대에 오르고 있다.
- Martin Foster

**에피다우로스 노천극장은** 〈새〉 같은 그리스의 고전 희극이 연극으로 상영되었을 법한 곳이다. 극작가 아리스토파네스가 기원전 414년에 쓴 이 희곡은 야단법석 조용할 날이 없는 아테네에 진절머리가 난 두 남자에 관한 이야기다. 한 줌의 평화와 고요함이 너무도 간절했던 두 사람은 새들을 설득해서 구름 안에 유토피아 도시를 건설하게 해 그곳에 숨었다. 물론 이것은 그리 현실적인 계획이 아니었고, 상황은 그들에게 전반적으로 좋지 않게 흘러갔다. 하지만 이 두 등장인물은 새가 하늘에 지어놓은 이 도시에 붙여줄 좋은 이름을 떠올렸다. 바로 '네펠로코키기아Nephelokokkygia'다. 이것은 고대 그리스어로, 해석하자면 '구름뻐꾹나라Cloudcuckooland' 정도가 되겠다. 그 후로 이 단어는 자유로운 몽상에 빠져 사는 사람들을 상징하는 말이 되었다.

빈센트 반 고흐,
〈올리브나무〉(1889).

**반 고흐는** 1888년에 프랑스 남부의 프로방스로 이사를 간 뒤
로 삶의 마지막 3년 동안 가장 흥미로운 하늘을 화폭에 담았
다. 예를 들어 이 그림은 알피유산맥 위로 드리운 렌즈구름과
이 유형의 구름에서 가끔 나타나는 독특한 얼음 결정의 흔적
을 보여준다. 1890년에 파리 근교에서 반 고흐는 동생 테오에
게 이렇게 편지를 썼다. "내가 말로 표현 못할 것을 이 캔버스
가 너에게 말해주리라 생각한다. 내가 이 시골에서 보는 건강
과 회복의 힘을 말이다." 그리고 2주 뒤 날씨 좋은 7월의 마지
막 날에 그는 스스로 목숨을 끊었다.

《세계도해Orbis Pictus》는 최초로 인쇄된 아동용 서적 중 하나다. 1658년에 출판된 이 책은 체코의 교육학자 요한 아모스 코메니우스가 썼다. 이 책은 자연물과 인공물을 망라하여 다양한 대상에 대해 설명하고 있다. 구름에 대한 목판화 도해에는 이런 주석이 달려 있다.

1. 수증기가 물에서 올라가고, 2. 거기서 구름이 나온다. 하얀색 안개로 이루어졌다. 3. 땅 근처에서는 비가 된다. 4. 한 방울씩 작은 소나기가 구름에서 떨어진다. 이것이 얼면 우박이다. 5. 반만 얼면 눈이 된다. 6. 따듯하면 이슬이 된다. 비구름에서 태양을 뒤로 하면 무지개가 된다. 7. 한 방울이 물로 떨어지면 거품이 만들어진다. 8. 거품이 많아지면 거품 띠가 된다. 9. 물이 얼면 얼음이라고 한다. 10. 이슬이 얼어서 굳은 것을 서리라고 한다. 11. 천둥은 유황 비슷한 수증기로 만들어져 있고 번개와 함께 구름에서 나온다.

요한 아모스 코메니우스, 《세계도해》에서 '구름' 항목.
- Heather Silverwood
(42,036번 회원)

**렌즈구름은 산악구름이다.** 바람이 언덕이나 산처럼 솟아 있는 지형과 상호작용하여 만들어지는 구름이라는 뜻이다. 이 장면은 뉴질랜드 남섬의 서던알프스 산맥 때문에 생겼다. 대기의 조건이 안정되어 있을 때 봉우리의 바람 불어가는 쪽에서는 기류가 위로 솟았다가 내려가는 경로를 따를 수 있다. 유속이 빠른 강에서 잠긴 바위 하류 쪽으로 수면이 볼록 솟아나는 것처럼, 이 기류도 보이지 않는 정상파定常波, standing wave를 이루며 흐른다. 공기는 상승하면 팽창하기 마련이고, 팽창하는 기체는 냉각되기 때문에 이 기류의 정점 부분은 공기가 식는다. 공기의 움직임은 눈에 보이지 않지만 조건이 정확하게 맞아떨어져서 공기 속의 수분이 냉각되어 물방울로 응결되는 경우에는 구름의 형태로 보이게 된다. 이렇게 해서 바람 속에서도 제자리에 머물러 있는 매끄러운 비행접시 모양, 혹은 마름모꼴의 렌즈구름이 만들어지는 것이다.

구름이라는 뜻의 영단어 'cloud'는 바위를 뜻하는 영어의 옛말
'clūd'에서 나왔다. 6천 년 된 거석과 함께 있는 이 적운의
모습이 왜 어색해 보이지 않는지 알겠다.
프랑스 브르타뉴 카르낙.

– Harriet Aston(42,078번 회원)

말해보게, 수수께끼 같은 양반. 그대는 누굴 가장 사랑
하는가? 아버지? 어머니? 누이? 형제?
"나는 아버지도, 어머니도, 누이도, 형제도 없습니다."
그럼 친구는? "통 뜻 모를 단어를 사용하시는군요."
그럼 나라는? "그게 세상 어디에 자리 잡고 있는지도
모르겠습니다."
그럼 미인은? "여신처럼 아름다운 불멸의 여인이라면야
사랑할 수도 있겠지요."
그럼 황금은? "당신이 신을 싫어하듯, 저도 황금을 싫어
합니다."
그렇다면 특이한 나그네여, 자네는 대체 무엇을 사랑한
단 말인가? "저는 구름을 사랑합니다. 저 멀리 흘러가는
경이로운 구름을 사랑합니다."

– 샤를 보들레르, 《나그네》(1862)

이것은 **폭풍전선을** 위에서 내려다본 모습이다. 이것을 보면
적란운의 꼭대기구름이 얼마나 멀리 뻗어갈 수 있는지 알 수
있다. 이 꼭대기구름은 폭풍의 중심부로부터 무려 160킬로미
터까지 뻗어나갈 수 있다. 이 구름의 윗부분은 대장장이의 모
루를 닮았다고 해서 모루구름이라고 한다. 모루도 아주 긴 모
루다. 이 정도의 모루면 창백한 하늘 가득 꼬리를 휘날리는 거
대한 말의 편자를 올려놓고 천둥 망치로 두드릴 만큼 거대할
것이다.

하얀 버펄로가 미국 콜로라도 서부의 벌판에 엎드려
잠을 자고 있다.
- Patrick Dennis(43,666번 회원).
이 버펄로는 눈에 보이지 않는 편평한 공기 바닥 위에 엎드려
있다. 이 바닥은 상승응결고도의 위치를 말해준다.
이 높이는 태양열에 더워진 땅에서 올라오는 상승기류가
냉각되어 수분이 기체에서 액체 상태의 물방울로 바뀌는
지점이다. 그 결과 적란운이 만들어지고 상승기류가
눈에 보이게 된다. 수분으로 된 짐승이 쪽잠을 자고 있다.

구름은 지구 온도를 누그러뜨리는 데 도움을 준다. 하지만 그 방식이 복잡하다. 하층운이 끼면 하늘이 맑은 경우에 비해 전체적으로 냉각효과가 크게 나타난다. 지구에서 나오는 열을 가두는 효과보다 태양에서 오는 열을 반사하는 효과가 더 크기 때문이다. 상층운은 전체적으로 온난화 효과가 있다. 태양의 열을 반사하는 것보다 지구의 열을 가두는 효과가 더 크다. 이런 효과들을 모두 평균하면 구름이 없는 경우보다는 있는 경우 지구의 표면 온도가 더 낮아진다. 하지만 지구의 온도 상승이 구름에 어떤 변화를 야기하는지에 대해서는 거의 아는 바가 없다.

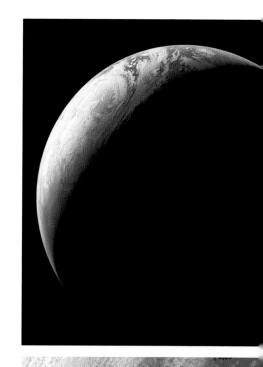

**위쪽**: 초승지구. 1967년, 거의 1만 6천 킬로미터 고도에서 NASA의 무인 우주선 아폴로 4호 시험비행 중 촬영.
**오른쪽**: 곰 한 마리가 하늘 위 권적운의 장관을 감탄하며 바라보고 있다. 네팔 카트만두.
- Judy Taylor(42,887번 회원)

비행기 조종실에서
바라본 이탈리아
알프스산맥의
공기 바다.
- Richard Ghorbal
(5,117번 회원)

"잠시 우리가 액체를 보듯 기체를 볼 수 있는 눈을 가진 존재가 멀리서 우리 지구를 내려다보고 있다고 가정해 보자. 그럼 그 존재에게는 지구를 둘러싸고 있는 공기 바다, 그리고 그 바닷속을 헤엄쳐 다니는 새들, 그리고 강바닥을 따라 미끄러지듯 움직이는 물고기들처럼 그 해저를 걸어 다니는 사람들이 보일 것이다."

- 아라벨라 B. 버클리, 《과학 속 동화나라》(1883)에 실린
〈우리가 살고 있는 공기 바다〉에서

목성에서 휘몰아치는 암모니아 구름.
NASA의 주노 우주탐사선이 18,906킬로미터 거리에서
궤도를 돌며 촬영한 모습.
외계 추상미술이라 할 수 있겠다.

해기둥. 노르웨이 펜스피오르덴.
- Thorleif Rødland

**해기둥은** 햇살이 일렁이는 파도에 반사될 때 나타나는 반짝잇길의 공중 버전이라 할 수 있다. 이것은 태양에서 위아래로 뻗어 나오는 빛의 수직기둥으로, 구름 속에 떠 있는 셀 수 없이 많은 얼음 결정 표면에서 나오는 반짝거림이 모여 생겨난다. 해기둥은 햇빛이 결정의 내부를 통과하지 않아도 생기기 때문에 다른 무리현상에 비해 생성 조건이 훨씬 덜 까다롭다. 구름 속 얼음 결정이 특정한 모양이나 방향을 취하지 않아도 되고, 햇빛이 얼음 결정을 통과해서 지날 수 있을 만큼 흠잡을 데 없이 맑을 필요도 없다. 태양이 낮은 고도에 떠 있거나 지평선 바로 아래 있기만 하면, 좀 평평하다 싶은 얼음 결정들이 가을 낙엽처럼 떨어지고만 있어도 저무는 하루를 기념하는 듯 붉은 장미 빛깔 기둥을 만들어낼 수 있다.

층적운과 적란운은 햇빛이 뒤에서 비추면 밝은 흰색
가장자리가 드러난다. 엘 그레코라는 이름으로 더 많이 알려진
도메니코스 테오토코풀로스가 중앙 스페인에서 발견해 그린
〈톨레도의 풍경〉.

층적운 사이 틈으로
쏟아지는 부챗살빛.
노르웨이 트롬쇠 근처
푸트리켈브.
- Jelte van Oostveen
(38,512번 회원)

태양은 움직이면서 변화, 그리고 생성과 쇠퇴의 과정을
만들어낸다. 그리고 태양의 힘에 의해 매일 위로 실려
올라가는 가장 질 좋고 달콤한 물이 수증기로 흩어져
높이 떠오른다. 그리고 그곳에서 수증기는 냉기를 만나
물방울을 맺고 다시 땅으로 돌아온다. 앞에서 말했듯이
이것이야말로 자연의 정해진 길이다.

- 아리스토텔레스 《기상학》(기원전 350년)

귀스타브 르그레, 〈세트의 큰 파도〉.

**프랑스 남부** 세트의 지중해 위로 드리운 적운을 촬영한 이 19세기 사진은 특별히 멋있어 보이지 않을 수도 있겠지만 사실 획기적인 작품이었다. 이것은 프랑스의 화가이자 초기 사진술의 선구자인 귀스타브 르그레의 작품이다. 1850년대까지만 해도 하늘과 육지 풍경(혹은 바다 풍경)을 동시에 촬영할 수 있는 사진 노출은 카메라 기술의 한계 때문에 불가능하다고 여겨졌다. 르그레는 두 음화 필름을 따로 이용해 인화함으로써 이 문제를 해결했다. 한 장은 하늘에 한 장은 바다에 맞춰 노출시킨 것이다. 이렇게 함으로써 그는 장면 전체에서 색조의 균형을 달성할 수 있었다. 르그레가 이런 식으로 만들어낸 인화사진은 빛과 그림자의 깊이를 인상적으로 표현하여 국제적으로 칭송을 받았다.

수평무지개.
미국 캘리포니아주
리처드슨만.
- David Rosen
(23,717번 회원)

**이 다채로운 색의** 권운은 정오에 리처드슨만에서 데이비드
로젠의 가족 앞에 나타나 거의 한 시간 동안 이 가족과 함께
했다. 이것은 사실상 수평무지개라는 거대한 광학현상이 일
부분만 살짝 드러나 있는 것이다. 하늘 높이 뜬 태양의 빛이
프리즘처럼 생긴 얼음 결정을 통과하면서 만들어지는 이 광
학현상은 지평선 근처에서 하늘을 넓게 가로지르는 거대하고
납작한 색의 띠로 나타날 때가 많다. 이 현상이 사진에서처럼
권운의 단일 조각에 집중되어 나타나는 경우에는 얼음 결정
이 떨어지고 있는 좁은 영역에서만 이 광학효과를 볼 수 있다.
빛의 거대한 쇼를 하늘의 열쇠구멍을 통해 바라보고 있는 셈
이다.

노을을 받은 렌즈고적운. 이탈리아 알프스의 바레세.
- Gary Davis(21,168번 회원)

**지도에 산악지형의 고도를** 표시하는 등고선은 하늘 버전도 있다. 특정한 형태의 렌즈구름
에서 이것을 볼 수 있는데, 특히 이 사진의 경우처럼 빛이 비스듬히 비칠 때 잘 보인다. 전
형적인 렌즈구름은 단독의 원반 형태로 나타나지만 이런 식으로 연이어 구불거리는 모양
으로 나타날 때도 있다. 이 구름의 가장자리는 산에서 바람이 불어가는 쪽으로 공기 파동이
솟았다가 내려오는 동안에 구름이 만들어질 조건이 형성된 영역의 경계가 어디인지 보여
준다. 렌즈구름 가장자리의 등고선 효과는 습한 기류와 건조한 기류가 샌드위치처럼 층층
이 겹쳐져 있을 때 일어난다. 건조한 층보다는 습한 층에서 구름이 더 잘 만들어지기 때문
이다. 이 구름은 대기가 안정되어 있는 조건에서는 하층 대기의 흐름이 그 아래 땅의 물리
적 등고선과 교감하며 흐른다는 것을 보여준다.

구멍구름. 낙하줄무늬
구멍이라고도 한다.
미국 캘리포니아주
하프문만.
- Paul Jones
(18,562번 회원)

자연이 자기 갈 길을 가게 놔두자.
자연의 일은 우리보다
자연이 더 잘 이해하고 있는 법이다.

- 미셸 드 몽테뉴,《수상록》(1580) 중 〈경험에 관하여〉

고대 힌두교 창조신화에서는 세상이 신화 속 코끼리의 도움으로 시작되었다고 설명한다고들 한다. 이 코끼리는 색이 하얗고, 하늘을 날 수 있었으며, 비를 내리는 힘을 갖고 있었다. 사람들은 가뭄이 들었을 때 이 흰색 코끼리에게 도와달라고 기도를 하며 이 동물을 '메가Megha'라고 부르기도 했다. '구름'이라는 뜻이다. 구름감상협회 사진 갤러리에서 사물을 닮은 수천 장의 사진을 폭넓게 분석한 결과 우리 회원들이 가장 많이 찾아낸 동물은 코끼리임이 밝혀졌다. 이것이 무슨 의미일까? 혹시?

하늘에 나타난 코끼리.

**맞은편 왼쪽 위부터 시계방향으로:** 미국 캘리포니아주 요세미티
국립공원. – Fred Ohlerking(41,191번 회원) 태국 푸켓. – Graham
Blackett(928번 회원) 스코틀랜드 덤프리에서 이난. – Anne
Downie(12,153번 회원) 미국 노스캐롤라이나주 코넬리우스.
– Lauren Antanaitis(25,124번 회원)

**이 페이지 왼쪽 위부터 시계방향으로:** 캐나다 온타리오주 오타와.
– Hélène Condie(28,830번 회원) 네덜란드 바덴해 아멜란트섬.
– Saskia van der Sluis(23,801번 회원) 미국 노스캐롤라이나주
머틀 비치. – Peter Beuret(36,471번 회원) 인도 안다만 제도
하벨록섬. – Sugata Kuila

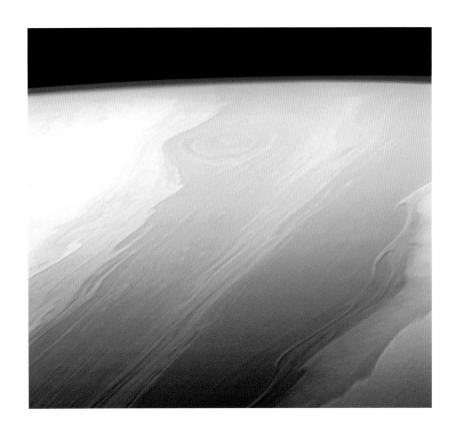

토성의 구름. NASA의 카시니 우주선이 120만 킬로미터 떨어진 상공에서 촬영.

**토성 대기의 구름은** 고도에 따라 굉장히 달라진다. 가장 낮은 구름층은 물얼음으로 이루어 져 있고 10킬로미터 정도 위아래로 뻗어 있다. 수황화암모늄 얼음으로 이루어진 구름층은 그 위로 50킬로미터 정도 뻗어 있다. 그 위로 다시 80킬로미터 정도는 암모니아 얼음으로 만들어진 구름이 자리 잡고 있다. 상층대기의 수소와 헬륨 연무(여기서는 푸른빛으로 보인다) 사이로 우리 눈에 들어오는 이 장면은 이 구름의 꼭대기 부분이다. 이웃한 구름 띠들은 위 도에 따라 서로 다른 속도와 방향으로 이동하기 때문에 띠가 만나는 곳에서 난류가 만들어 지고, 그 경계면을 따라 물결 모양의 구조물이 생겨난다. 과학자들은 토성의 구름을 연구함 으로써 유체의 운동에 관한 이론을 개선하고, 지구를 비롯한 다른 행성들의 대기에 대해서 도 더욱 잘 이해할 수 있다.

갈퀴권운.
웨스턴오스트레일리
아주 퍼스 근처
로스모인.
- Carole Pereira

머리털을 한 움큼 던져놓은 듯 넓게 펼쳐진 은빛 소용돌이로 채워진 하늘, 목소리도 없고 형태도 없는 거대한 복제품이면서 어쩌면 가장 진정한 실재이자 만물의 표현일지도 모를 하늘, 그 하늘을 그 누가 알리오?

- 월트 휘트먼, 《나 자신의 노래》(1892) 중
〈연못가, 7월의 어느 오후〉

시몽 드니,
⟨로마 근처에서
노을에 물든 구름
습작⟩(1786-1801).
- Karen Shuker
(45,918번 회원)

18세기 플랑드르 화가 시몽 드니는 야외에서 풍경화 그리기를 초기에 실천에 옮긴 사람이었다. 로마 상공으로 뻗어 올라간 이 적란운은 그가 하늘 그리기 기술을 연마하기 위해 18세기 말에 그렸던 48점의 구름 습작 중 하나다. 수백 년 후였다면 이렇게 자유롭고 표현력 넘치는 하늘 풍경화는 그 자체로 하나의 완성작으로 인정받아 전시되었을 것이다. 하지만 드니에게 이렇게 야외에서 그린 스케치 그림은 그저 작업실 한구석에 숨겨놓았다가 나중에 꺼내서 전시할 작품의 배경이나 여백에 포함시킬 참고 작품에 불과했다. 우리 구름추적자의 입장에서는 이런 스케치야말로 자연의 역동적인 힘이 중앙 무대를 차지하고 있는 진짜 그림이다.

늑골권운Cirrus
vertebratus에 의해
형성된 천정호. 미국
애리조나주 유마.
– Beth Holt

**깃털 모양의 권운에** 들어 있는 얼음 결정이 햇빛을 굴절시켜 천정호를 만들어내고 있다. 천정호는 높은 고도에서 나타나는 광학효과로 무지개보다 색이 더 순수하다. 아니면 대류권 상층에 사는 극락조 한 마리가 자기 꼬리깃털을 바람에 흘렸는지도.

야광구름.
미국 캘리포니아주
샌프란시스코.
- Colleen Thomas

**콜린 토머스가 발견한** 이 밝은 자취는 아주 특이하고 희귀한 야광구름의 사례다. 밤에 빛나는 이 구름은 일반적인 날씨 구름보다 훨씬 높은 85킬로미터 고도에서 형성된다. 그래서 아래쪽 하늘이 어두워졌을 때도 햇빛을 받을 수 있다. 야광구름은 특이하고 신비로운 구름인데 여기 캘리포니아주에서 발견된 것은 특히나 그렇다. 야광구름은 보통 푸르스름한 유령 같은 물결 모양인데 밤에 빛을 내고 있는 이 구름은 그렇지 않다. 이것은 항공기 응결 흔적이 꼬여 있는 듯한 모습을 하고 있다. 나타난 지역도 엉뚱하다. 야광구름은 보통 극지방에 훨씬 더 가까운 지역에서 생긴다. 위도가 37도를 살짝 넘는 샌프란시스코 지역은 야광구름이 일반적으로 관찰되는 50-70도 지역을 한참 벗어나 있다. 나타난 시기도 생뚱맞다. 야광구름은 일반적으로 여름철에 발견된다. 언뜻 드는 생각과 달리 그때가 상층대기가 가장 차가운 시기이기 때문이다. 그럼 이 야광구름은 어째서 훨씬 남쪽 지역에서 한겨울에 나타난 것일까? 이 밤에 빛을 내고 있는 이 특이한 구름은 사실 일종의 응결 흔적이다. 그런데 비행기나 로켓이 만들어낸 것이 아니라 유성이 만들어낸 것이다. 유성이 대기권 높은 곳에서 불타면서 먼지 입자들을 만들어냈고, 이것이 작은 응결핵으로 작용해서 그 위에 구름의 얼음 결정이 얼어붙기 시작한 것이다. 이 유성은 땅에 도달하기 훨씬 전에 완전히 불타 사라졌을 가능성이 높지만 그 뒤로 캘리포니아 하늘에 진귀하기 이를 데 없는 광경을 남겨놓았다. 유성으로부터 태어나 중간권 상층의 기류 속에서 표류하며 황혼 속에서 밝게 빛나는 야광구름을 선사한 것이다.

**오로라가 바로** 머리 위에서 형성되면 이런 식으로 초록색과 분홍색의 오로라가 하늘을 가로질러 펼쳐지는 것처럼 보인다. 물결치는 듯한 모습으로 사람의 넋을 빼놓는 이 특정 패턴의 빛 구름은 오로라대aurora oval에서 일어난다. 오로라대는 북자극과 남자극을 둘러싸고 있는 지역으로, 이곳에서는 지구의 자기장선이 자심磁心을 향해 지표면을 수직으로 관통해 들어간다. 빛의 줄무늬는 자기장선을 따라 움직이는데 하늘에서 연출되는 수많은 극적인 모습과 마찬가지로 여기서도 원근효과 때문에 줄무늬가 밖으로 퍼지면서 다가오는 것처럼 보인다.

삿갓구름, 면사포구름,
적운, 고적운이
적란운의 거대한 구조
주변으로 떠다니고
있다. 미국 플로리다주
축타와치만.
- Vicki Kendrick
(39,727번 회원)

구름 속에 성을 지을 때
건축의 원칙 따위는
존재하지 않는다.

- G. K. 체스터턴, 《영원한 사람》

**안개는** 가장 낮게 뜨는 구름이라 생각할 수 있다. 층운이라는 특색 없는 구름층이 땅에 바짝 붙어서 생긴 것이 안개다. 순수 주의자라면 구름으로 인정받으려면 일정 수준의 고도가 필수적이며, 따라서 안개는 진정한 구름이 될 수 없다고 주장할 것이다. 우리 구름감상협회 사람들은 순수주의자가 아니다. 우리는 안개를 몸을 낮추어 땅 위로 우리를 찾아온 하나밖에 없는 구름으로 인정하고 거기에 감사한다. 안개는 풍경을 숨김으로써 그 풍경의 아름다움을 드러내주기 때문이다.

존 브렛, 〈도싯셔 절벽에서 바라본 영국해협〉(1871).

**영국의 화가** 존 브렛은 1871년에 잉글랜드 남부 해안에서 바라본 바다 풍경을 그리면서 날씨 좋은 날에 뜬 적운과 해수면으로 쏟아지는 부챗살빛을 그려 넣었다. 브렛이 대기 중에서 연출되는 빛의 장관을 사랑한 것은 분명하지만 구름추적자는 분명 아니었다. 그 위에 있는 하늘이 그 아래 바다를 비추는 빛과 맞아떨어지지 않는다. 이 화가는 분명 어느 날 보았던 하늘의 모습과 또 다른 날에 보았던 바다의 모습을 결합해서 그림을 그렸을 것이다. 해수면에 이런 빛 무늬가 생겨나려면 층적운이라는 하층운이 하늘 대부분을 덮고 있고, 여기저기 살짝살짝 햇빛이 뚫고 들어올 틈만 있어야 한다. 이 그림처럼 얌전하게 흩어져 있는 적운이 드리운 희미한 그림자만으로는 절대 이런 그림자가 생길 수 없다. 시도는 좋았지만, 정답은 아니었어요, 브렛!

IC 2118 성운은 우리로부터 800-900광년 정도 떨어져 있다. 이 가스구름은 오리온자리 근처에 있고, 우연히도 사냥꾼의 무릎 바로 옆에 자리 잡고 있다. 구름 속에 들어 있는 먼지가 밝은 항성 리겔로부터 오는 빛을 우리에게 반사시킨다. IC 2118이라는 이름이 귀에 쏙 들어오는 이름이 아니라는 생각이 들 것이다. 당신만 그런 것이 아니다. 이 성간구름은 현재 마녀머리 성운이란 이름으로 더 잘 알려져 있다. 다시 한 번 보면 그 이유를 알 수 있을 것이다.

볼루투스 혹은
두루마리구름.
남아프리카공화국
웨스턴케이프주
오버스트랜드 해변.
- Ross Hofmeyr

탁 트인 하늘 아래로 나아가
자연의 가르침에 귀를 기울여라.

- 윌리엄 컬런 브라이언트, 〈죽음에 대한 고찰〉

남극대륙 에번스 곶
위에 드리운
자개구름 수채화.
테라노바 남극 탐사에
서 의사로 참여한
E. A. 윌슨이 1911년에
그렸다.

**남극대륙은** 극단적인 온도, 산악 지형, 세찬 바람 등의 조건
때문에 자개구름이 더 잘 생긴다. 극지방 성층권 구름이라고
도 하는 이 구름은 무지갯빛의 극적인 띠무늬를 선보이기도
한다. 1911년에 스콧 선장과 함께 남극을 향해 떠났던 비극적
인 운명의 탐사에서도 탐험가들은 이 구름을 보며 감탄했다.
이 탐험에서 의사로 참여했던 에드워드 에이드리언 윌슨은
남극을 향해 출발하기 전 에번스 곶에 차린 베이스캠프에서
이 그림을 그렸다. 윌슨과 다른 네 명의 탐사대는 결국 돌아오
지 못했다.

로키산맥을 덮은
물결구름. 몬태나주
쉴즈 계곡.
- Hallie Rugheimer
(35,218번 회원)

**낮게 깔린 층운에** 물결구름이라는 물결무늬 특성이 생겨나면서 미국 몬태나주의 로키산맥이 거대한 파도로 탈바꿈한다. 이런 쇄파碎波 모양은 구름 층의 위쪽 경계를 따라 고도에 따른 풍속 증가가 현저하게 나타나는 윈드시어에서 생겨난다. 윈드시어 효과가 구름의 위쪽 가장자리를 헝클어뜨려 물결 모양으로 바꾸어놓는다. 풍속이 딱 알맞은 경우에는 파동의 꼭대기 부분이 소용돌이 모양으로 말릴 수 있다. 산맥은 윈드시어 패턴을 만들어내기 알맞은 조건이다. 낮은 고도의 기류는 산맥을 만나 풍속이 느려지는 반면, 위쪽 기류는 방해물 없이 빠르게 흘러가기 때문이다.

떠오르는 햇살을 받은
안개. 미국 버몬트주
플레전트 계곡.
- Kristina Machanic
(38,409번 회원)

자연을 공부하고, 자연을 사랑하고,
자연과 가까이 있으세요.
절대 여러분을 실망시키지
않을 겁니다.

- 건축가 프랭크 로이드 라이트가 학생들에게 던진 충고

순록('rain' deer, 원래는 reindeer —옮긴이).
잉글랜드 옥스퍼드셔주 뱀튼. - Marie Dent(9,934번 회원)

**마리너 계곡** 위에서 일출을 맞은 권운 비슷한 얼음 구름. 이 장면의 폭은 1천 킬로미터 정도 된다. 이 구름은 적도 위에 걸쳐져 있지만 지구 위 어느 곳과도 아주 멀리, 멀리 떨어져 있다. 화성의 적도에 드리운 물얼음 구름이기 때문이다.

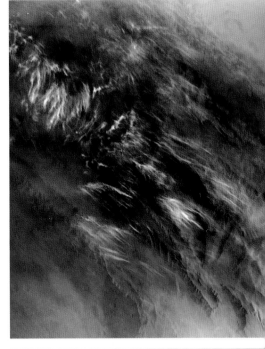

**권운의 영어 이름인** 'cirrus cloud' 는 머리카락 다발을 의미하는 라틴어에서 유래했다. 그럼 명주실 구름Cirrus fibratus 변종은 아마도 등교하기 전에 깔끔하게 빗어 내린 머리카락에 해당하지 않을까.

---

**위쪽:** 얼음 구름. NASA의 바이킹 1호 궤도선에서 1976년에 화성 마리너 계곡에서 촬영.
**오른쪽:** 명주실권운. 잉글랜드 서머싯, 서머턴.
- Althea Pearson (38,865번 회원)

야코프 판 라위스달, 〈하를렘 근처 시골의 표백장〉(1670), 스위스 취리히 쿤스트하우스 미술관.

**네덜란드의 산은** 구름이라고들 한다. 이 말이 야코프 판 라위스달의 17세기 풍경화보다 잘 표현된 것은 없다. 그는 네덜란드 황금기의 저명한 풍경화가로 꼽힌다. 그리고 그는 캔버스에 지평선의 위치를 낮게 잡아 하늘을 구름으로 채우기를 좋아했다. 그가 그린 인상적일 정도로 사실적인 하늘은 서구 풍경화의 발전에 크나큰 영향을 미쳤다. 아마도 이 화가는 구름에 대한 사랑을 역시 풍경화였던 아버지 이삭 판 라위스달로부터 물려받았을 것이다. 아버지는 극적인 하늘의 모습을 대단히 좋아했다. 아니면 풍경화였던 삼촌 살로몬 판 라위스달에게 물려받았는지도 모른다. 살로몬 삼촌은 아버지보다 더 유명했다. 그 이유는 당연히 그가 구름 그림에 더 신경을 썼기 때문일 것이다. 그의 구름 그림은 조카 야코프의 그림만큼이나 풍성했다.

구름은 그림자를 아주 길게 드리울 수 있다.
여기서는 지평선 멀리 숨어 있는 적란운이 하늘에 낀 고적운에
그림자를 드리워 해질녘 짧은 순간이나마 자신의 존재를
알리고 있다. 중국 저장성.
– Baiyan Huang

폭풍계에서 뻗어
내려오는 깔때기구름.
미국 콜로라도주
키니스버그.
- Carlye Calvin
(45,668번 회원)

**적란운 밑면의** 공기 소용돌이 안에서 뻗어 내려오는 구름의 손가락을 깔때기구름tuba이라고 한다. 욕조 배수구에서 물이 빙글빙글 돌며 빠져나가는 것처럼 공기도 성장하는 폭풍의 밑으로 빨려 들어가면서 그런 회전을 일으킬 수 있다. 이 과정에서 공기의 온도도 떨어져 습한 공기에서 물방울이 만들어질 수 있다. 습한 공기가 점점 더 맹렬하게 빨려 들어가면서 거대한 적란운의 배를 불리는 과정에서 회전 속도가 점점 더 빨라지고, 결국 탯줄 모양의 깔때기구름이 아래쪽으로 뻗어 나오게 된다. 이 구름이 바다까지 닿았을 때 무슨 일이 일어나는지는 말하지 않아도 알겠지.

256

**현대미술가** 베른나우트 스밀데의 〈님
버스〉 시리즈는 실내에서 만들어낸 구
름이다. 이 구름들은 불과 몇 초 동안
만 지속된다. 〈님버스〉 작품은 그 순간
이 사라지기 전에 카메라에 담은 것이
다. 스밀데는 공간 속의 공기를 미세한
물안개로 포화시킨 다음 거기에 연기
를 불어넣어 구름을 만들어낸다. 자연
의 구름이 먼지, 재, 유기화합물 등 대
기 중에 들어 있는 작은 응결핵 주변으
로 물방울이 맺혀서 생기는 것처럼 여
기서도 연기 입자 위에서 물이 응결하
여 구름이 만들어진다. 각각의 님버스
사진은 특정 장소에서 순간적으로 생
겨났다가 지금은 사라져버린 무언가
를 기록물로 남기는 기능을 한다. 스밀
데는 이렇게 말한다. "저는 이 작품이
거의 무無에서 만들어진 순간적인 조
각품이라 생각합니다. 물체와 비물체
의 경계에 놓여 있는 셈이죠."

네덜란드 미술가 베른나우트 스밀데의
2014년 작 〈님버스 듀몬트〉.

H. A. 거버의 책,
《북유럽 신화,
재밌고도 멋진
이야기》(1922)에 실린
J. C. 돌맨의 삽화
〈구름을 잣는 프리가〉.

노르웨이의 신화에 따르면 프리가Frigga는 대기의 여신이었
다. 그녀는 최고신 오딘과 결혼했고, 오딘은 프리가를 여왕의
자리에 올렸다. 프리가에게는 안개와 바다의 방이 완비되어
있는 펜살리르라는 자기만의 성이 있었다. 그녀는 미래를 내
다볼 수 있었지만 보통 자기만 알고 있었다고 한다. 금요일을
뜻하는 영어 'Friday'는 그녀의 이름을 딴 것이다. 프리가는
안개의 방에 멋진 보석으로 장식된 물레를 갖고 있어서 그것
을 가지고 길고 밝은 구름 가닥을 잣고는 했다. 권운은 이렇게
만들어지는 것이다. 아마 지금도 이런 식으로 만들어지고 있
을 것이다.

노르웨이 트롬쇠 근처의 한 피오르에 착수着水하려는
권운 스카이다이버.
– Lilian van Hove

난층운. 미국
버지니아주 앨버말.
– Hannah Hartke

**난층운이 가장** 매력적인 구름이라 말하는 사람은 없을 것이다. 별 특색 없이 어둡기만 한 하늘의 젖은 담요 같은 이 구름은 분명 모든 구름 유형 중에 가장 인기가 없다. 다른 구름의 이름에 먹칠을 하는 구름인 것이다. 하지만 난층운에서 오랜 기간 꾸준히 내리는 강수는 자기 할 일을 묵묵히 잘 하고 있다. 바다의 소금물을 육지의 민물로 바꾸어주고, 식물에게 물을 주어 생명을 살리는 역할을 하고 있으니 말이다. 여기 나온 구름도 지금 그 일을 열심히 하는 중이다.

1차 무지개, 2차 무지개, 반사무지개. 스코틀랜드 스카이섬, 던비건 호수.
- Mike Cullen(23,089번 회원)

**이 사진은 뚜렷한** 1차 무지개와 그보다 희미한 2차 무지개와 더불어 진귀한 반사무지개까지 보여주고 있다. 반사무지개는 두 무지개 사이에서 나타나고 있고 이상학 각도로 틀어져 있다. 일반적인 무지개와 마찬가지로 이 보기 힘든 광학효과 역시 관찰자의 뒤쪽에서 앞쪽의 빗방울로 비친 햇빛이 반사, 굴절되면서 만들어진다. 하지만 반사무지개는 관찰자 뒤쪽의 물에서 먼저 반사되어 나온 햇빛으로부터 형성된다는 점이 다르다. 그래서 이 무지개는 지평선 위로 뜬 태양이 아니라 지평선 아래 잠긴 태양에 의해 만들어지는 것처럼 보이게 된다. 각도가 이상한 것도 그 때문이다. 운이 좋아 볼 기회가 생긴다면 반사무지개는 자기와 대응하는 일반적 무지개와 항상 정확히 지평선 높이에서 만나는 것을 알 수 있을 것이다.

알렉스 카츠,
〈겨울 풍경 2〉(2007).

대기의 습기인 안개는
아직 목적지가 불확실하다.
딱히 날씨라 하기도 그렇고,
기분이라 하기도 그렇지만
양쪽 성질을 모두 갖고 있다.

– 할 볼랜드, 《계절의 해시계》(1964)

나사 성운.
미국 텍사스주
맥도널드 천문대의
0.8미터 망원경으로
촬영.

**이것은 성간구름이다.** 나사 성운으로 알려져 있고, 먼지, 수소, 헬륨, 그리고 기타 이온화 가스로 이루어져 있다. 이 성간구름은 죽어가는 항성을 중심으로 화환처럼 자리 잡고 있다. 항성은 핵연료가 소진되면 외기권을 밖으로 방출한다. 안쪽에서 보이는 청록색 빛은 산소가 방출하는 것이고 바깥쪽의 붉은 빛은 수소가 방출하는 것이다. 우리가 걱정할 일은 아니지만 약 50억 년 후의 어느 날 우리 태양도 그와 같은 운명을 마주하게 될 것이다.

벽구름. 호주 캔버라.
- Wayde Margetts
(37,625번 회원)

**폭풍계의 아래에서** 경사져 내려오는 이 이상한 쐐기 모양의 구름이 호주 캔버라 상공에서 포착됐다. 벽구름으로 알려진 이 구름은 슈퍼세포 폭풍의 뒤쪽 범퍼라 생각할 수 있다. 이 구름은 강수가 모두 쏟아져 내리는 곳 뒤에서 생겨나는 특성이 있고, 폭풍계로 따듯하고 습한 공기가 빨려 들어가는 유입구의 위치를 말해준다. 벽구름에서는 깔때기구름이 뻗어 나오기 쉽다. 이 깔때기구름은 육지 용오름이나 바다 용오름, 혹은 본격적인 토네이도로 발달할 수도 있다. 이런 특성의 구름 꽁무니를 따라다니는 것은 추천하지 않는다.

해기둥. 알래스카주
노스슬로프버러,
뉘크서트 근처 알파인.
- James Helmericks
(19,987번 회원)

땅의 아름다움을 생각하는 사람은 목숨이 붙어 있는 한 비축된 힘을 발견하게 될 것이다. … 되풀이되는 자연에는 무한한 치유력이 있다. 밤이 지나면 새벽이 오고, 겨울이 지나면 봄이 오는 것이 확실하니까.

- 레이첼 카슨,《자연, 그 경이로움에 대하여》(1965)

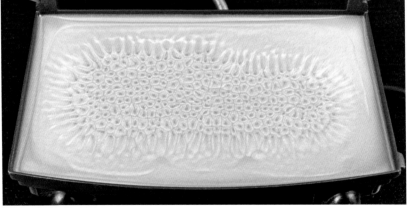

**고적운은 맞은편** 사진에 나온 것처럼 질서정연한 덩어리 패턴으로 나타날 때가 많다. 이렇게 규칙적인 패턴이 생기는 원리가 그 아래 사진에 나와 있다. 이것은 부엌에서 파니니 그릴을 이용해서 시연한 것이다. 그릴에 반짝이 가루를 조금 섞은 식물성 기름을 얇게 붓는다. 그리고 그릴을 아주 잠깐 틀어서 기름을 약하게 가열한다. 그럼 뜨거운 바닥과 닿아 있는 기름이 가열되면서 위로 떠오르고, 그 자리는 위에 있던 차가운 기름이 내려와 차지한다. 여기서 흥미로운 점은 이러한 운동이 규칙적인 세포 형태를 만들어낸다는 것이다. 떠오르는 기름은 세포의 본체를 형성하고, 가라앉는 기름은 세포 사이의 틈을 형성한다. 이것은 자연적으로 발생하는 패턴이며, 규칙적인 패턴의 고적운이 발생할 때도 이런 현상이 일어난다. 구름층 아래서 따뜻한 공기가 상승하면 위에 있던 차가운 공기가 내려와 그 자리를 채운다. 기름의 경우와 마찬가지로 공기는 전체가 한꺼번에 위아래로 움직일 수 없다. 그래서 떠오르는 구역과 가라앉는 구역으로 나누어 움직여야 한다. 이렇게 해서 생기는 형태를 공식적으로는 대류 세포convection cell라고 한다. 떠오르는 세포에서는 구름 덩어리가 생긴다. 그리고 그 사이사이 구름이 가라앉는 구역에서는 구름이 없는 틈이 만들어진다. 하늘의 장엄한 카오스 속에서(부엌의 카오스는 별로 장엄하지 않지만) 짧은 순간일지언정 질서가 등장하는 것이다.

과잉무지개가
곁들어진 무지개.
미국 유타주,
신들의 계곡Valley of
the Gods.
- Paul Martini
(27,060번 회원)

**과잉무지개**supernumerary bow는 줄무늬 색이 반복되는 것으로 무지개의 가장자리를 따라 나타날 수 있다. 이것은 1차 무지개의 안쪽에 형성된다. 바깥쪽에 2차 무지개가 존재하는 경우에는 희미한 과잉무지개가 그 바깥 가장자리를 따라 보이기도 한다. 이 줄무늬는 빗방울에서 나오는 빛의 파장이 간섭을 일으켜 밝고 어두운 띠를 만들어내어 생긴다. 사진에서처럼 밝은 과잉무지개는 빗방울이 아주 작고 크기가 균일할 때만 생긴다. 과잉무지개는 주로 보라색, 분홍색, 초록색을 띤다.

상층대기의 대기광.
국제우주정거장에
탑승한 우주비행사 마
크 반데 헤이가 촬영.

**국제우주정거장 창문으로** 바라본 이 한밤의 파노라마에서 결코 잠들지 않는 미국 대서양 연안 도시들의 불빛과 함께 하늘 높이 희미한 붉은 선이 보인다. 이것은 상층대기의 대기광 airglow으로, 150-300킬로미터의 고도에 형성되는 희미한 빛의 덮개다. 이 빛의 광원은 하나가 아니지만, 빛이 만들어지는 주요 원인 중 하나는 낮에 받은 햇빛으로, 여전히 들떠 있는 산소 원자가 방출하는 에너지다.

오른쪽 아래서 누군가가 지방 당국에 전화를 해서
하늘에 포트홀이 생겼다고 신고하고 있다.
미국 매사추세츠주 뉴턴.

-Fiona Graeme-Cook (44,036번 회원)

새뮤얼 치들리,《대성당 교회, 교회 첨탑, 교회종 등등에 대한 욕설》(1656)의 권두 삽화.

1638년 10월 21일, 잉글랜드 데번의 위드콤-인-더-무어 마을에 뇌우가 몰아친다. 당시 그 동네 교회에서 예배를 진행하고 있었는데 예배가 무언가에 의해 중단되고 말았다. 나중에 목사는 그것을 창문을 통해 들어온 '거대한 불덩어리'라고 묘사했다. 이 이상한 유령 때문에 교회 안에 난리가 나서 신자 중 4명이 사망하고, 62명이 부상을 당했다. 이것은 최초로 기록된 구상번개ball lightning의 사례 중 하나다. 구상번개는 뇌우와 연관되어 발생하는 현상으로 여러 차례 보고되었으나 여전히 그에 대해 알려진 바가 거의 없다. 이것은 발생을 예측하기가 불가능하고 순간적으로 사라지기 때문에 사실상 연구가 불가능하다. 그래서 그 원인을 설명하려고 이론 몇 개가 서로 경쟁하고 있다. 오늘날까지도 17세기 데번의 한 교회를 난리통으로 만들었던 그 '거대한 불덩어리'는 자연의 풀리지 않은 미스터리 중 하나로 남아 있다.

B-15T 빙하가
남대서양 하늘 위에
드리운 층적운
누비이불 아래 묻혀
있다.
국제우주정거장에 탑
승한 '익스피디션 56'
승무원 중 한 명이
촬영.

**바다 층적운 아래** 놓인 이 관 모양은 사실 국제우주정거장에
서 바라본 빙하다. 이 빙하는 2000년 3월에 남극의 로스빙붕
Ross Ice Shelf에서 떨어져 나온 B-15라는 모빙하의 커다란 파
편이다. 빙하는 18년 넘게 남대서양을 떠다녔고, 충돌로 인해
이런 조각들이 쪼개져 나왔다. 이 관 모양의 빙하는 이제 사우
스조지아섬과 사우스샌드위치 제도 사이의 남대서양까지 흘
러왔다. 이 대서양 바다는 남빙양보다 물이 따뜻하다. 마침내
이 B-15T 빙하가 죽을 자리를 제대로 찾아온 셈이다.

파상고적운. 호주 빅토리아주 녹스.

-Nicole Bates(38,201번 회원).

모래가 아니라 구름으로 이루어졌다는 것만 빼면
물가에서 모래사장을 걸을 때 발아래 느껴지는 모래 등성이와
비슷하다. 그리고 이것은 아래 바닥이 아니라
하늘 높이 떠 있다. 그리고 형성 방식도 완전히 다르다.
그 외에는 아주 비슷하다.

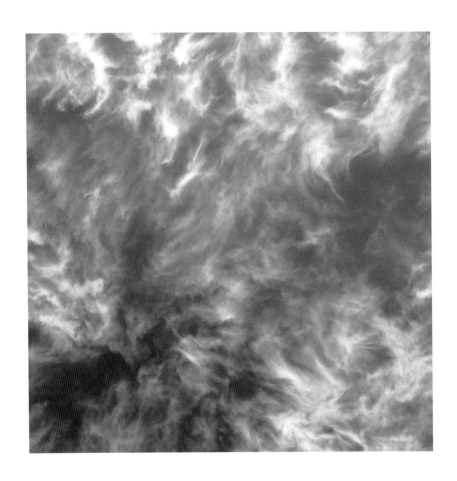

그는 자기에게 생명이 좀 있었으면 했다. 그래서
땅 위에 드러누워 흙의 냄새를 맡고 싶었다. 인간처럼
하늘을 올려다보며 구름에 빠져들고 싶었다. 그는 문득
아무리 황량하고 외딴 바다 위 바위에 살고 있는 자라고
해도 고개를 들어 하늘을 올려다볼 수만 있다면 칙칙한
풍경에 대해 불평할 수 없음을 깨달았다.

- T. H. 화이트,《멀린의 책》(1977)

폭포수조각적운. 아이슬란드 아우솔프스카울리 근처 폭포.
- Enrique Roldán(12,510번 회원)

**구름의 라틴어 명명체계는** 대부분 구름의 겉모습이나 고도를 참고한다. 하지만 구름이 만들어진 방식과 관련 있는 분류용어도 있다. 이런 경우는 끝에 '-genitus'가 붙는다. '-에서 만들어졌다'는 의미다. 그런 사례 중 하나가 'cataractagenitus(폭포수구름)'이다. 이것은 폭포에 의해 만들어진 구름을 지칭할 때 사용한다. 아이슬란드 아우솔프스카울리 근처의 폭포처럼 키가 큰 폭포는 주변 공기를 습기로 포화시킬 수 있다. 거침없이 쏟아져 내리는 폭포는 공기를 아래로 끌어당기고, 그 공기가 내려간 자리를 주변 공기가 올라가 채우게 하기도 한다. 수분으로 포화된 공기가 상승할 때는 항상 그 과정에서 조금씩 냉각되기 때문에 구름이 형성될 가능성이 있다. 이 사진에서 폭포가 만들어낸 구름은 하늘 높이 밝고 하얗게 떠 있는 적운이 아니라 폭포의 입구 바로 위에 창백하게 떠 있는 해진 듯 보이는 적운이다.

층적운에 나타난
거친물결구름.
잉글랜드 이스트서식
스주.

— Daisy Dawson

**구름감상협회 회원들에** 의해 처음으로 확인된 새로운 구름 특성인 거친물결구름은 층적운이나 고적운 층에서 나타날 수 있다. 혼란스럽게 요동치는 이 보기 드문 구름 형태는 대부분 폭풍 근처에서 나타난다. 이 분류는 공식 기상관측자가 아니라 주차장 같은 야외에 나와 있다가 우연히 하늘을 쳐다본 평범한 사람들이 촬영한 사진들 덕분에 2017년에 공식적으로 인정받게 됐다. 모바일 기술 덕분에 가능해진 이 새로운 분산식 하늘 관찰 방식이 결국에는 인공위성이 제공하는 방식만큼이나 대기에 대한 관점에 큰 혁명을 일으킬지도 모른다.

무지개바퀴.
호주 뉴사우스웨일스
주 메어웨더비치.
- Elizabeth Freihaut

**이 이중무지개는 마치** 빛줄기에 뚫린 것처럼 보인다. 이 효과를 무지개바퀴라고 한다. 빛줄기가 무지개 호 전체에 걸쳐 나타날 때도 있기 때문이다. 빛줄기가 한곳으로 수렴하는 듯 보이는 이유는 지평을 향해 물러나면서 원근효과가 나타나기 때문이다. 이것은 일종의 거꾸로부챗살빛으로, 태양 앞에 떠 있는 키 큰 적란운이 관찰자 뒤에서 드리운 그림자다. 원근효과 때문에 마치 태양과 정반대 방향에 있는 대일점으로부터 빛이 뻗어 나오는 것처럼 보이게 된다. 무지개 역시 대일점에 중심이 있기 때문에 무지개 안의 빛줄기가 자전거 바큇살처럼 보이게 된다. 아주 히피스러운 자전거 바큇살이다.

허블 우주망원경이 촬영한 토성의 자외선 오로라 이미지를
토성의 가시광선 스펙트럼 이미지에 중첩한 이미지.

**우리 태양계에서** 지구에서만 오로라가 만들어지는 것은 아니다. 오로라는 토성을 비롯한 4개의 거대가스행성에서도 나타나는데, 태양에서 방출된 태양풍의 전하 입자가 행성의 자기권에 붙잡혀 자극으로 끌려들어갈 때 생긴다. 이 입자들이 상층대기의 기체 원자와 분자들을 들뜨게 만들어 빛을 방출시킨다. 토성의 대기에는 수소가 아주 풍부하다. 이는 여기서 발생하는 오로라가 대체로 가시광선이 아닌 자외선 스펙트럼에 놓이게 된다는 의미다. 토성의 오로라는 지구에서 망원경으로는 보이지 않는다. 지구의 대기가 빛에서 자외선 파장을 상당 부분 걸러내기 때문이다. 다행히 맑은 우주 공간 높은 곳에 떠 있는 허블 우주망원경은 이 자외선 오로라를 포착해서 머나먼 토성의 극 주변에서 이루어지는 빛의 춤을 볼 수 있게 해준다.

볼리비아 살라르 데
우유니 위에 비친
적운과 렌즈구름.

**면적이** 10,582제곱킬로미터에 이르는 볼리비아의 살라르 데 우유니는 세계에서 가장 큰 솔트 플랫salt flat(바닷물의 증발로 침전된 염분으로 뒤덮인 평지—옮긴이)이다. 우기 뒤에는 그중 일부가 몇 센티미터 깊이로 빗물에 잠길 수 있다. 이런 얕은 물에서는 파도가 생길 수 없기 때문에 살라드 데 우유니가 하늘을 비추는 거대한 거울로 변한다. 이곳이야말로 구름뻐꾹나라가 아닐까.

층적운, 적란운,
면사포구름.
핀란드 라푸아.
- Henrik Välimäki

구름이 엷어지고 두터워지는 동안 그 속에는 무기력함
이 있고, 대칭과 질서가 결여되어 있었다. 그들은 자신
의 법칙을 따른 것일까, 아니면 따르는 법칙이 없었던
것일까? 어떤 구름은 한낱 하얀 머리카락 몇 줄기에
불과했다. 아주 멀리, 높이 떠 있던 한 구름은 황금색
석고로 굳어 불멸의 대리석이 되었다. 그리고 그 너머
로는 파랑, 순수한 파랑, 검푸른 파랑이 있었다.
한 번도 새어나와본 적 없는 파랑, 누구에게도
들켜보지 않은 파랑이.

- 버지니아 울프, 《막간》(1941)

얽힌권운. 네덜란드 프리슬란트주 헤이렌베인, 오란제우드.
– Peter van de Bult

**권운은 열 가지** 주요 구름 유형 중 하나다. 이 각각의 주요 구름 유형을 구름의 속屬이라고 한다. 다른 속과 마찬가지로 권운도 종種과 변종變種 등 하나나 그 이상의 용어를 추가하여 구름을 더욱 구체적으로 기술할 수 있다. 권운에 사용되는 용어들은 높은 고도의 얼음 결정 줄무늬를 묘사하는 경우가 많다. 여기 나와 있는 변종인 얽힌구름intortus의 영문명은 '꼬여 있는', '얽혀 있는'이라는 의미의 라틴어에서 나왔다. 명주실구름(줄무늬가 길고 평행한 실 모양으로 배열)이나 갈퀴구름(갈고리처럼 생긴 끝부분에서 뻗어나옴), 포기구름(솜털 같은 다발 모양으로 배열) 등의 질서정연한 무늬와 달리 얽힌권운 변종은 상층 대기의 변덕스러운 기류 때문에 이리저리 뒤엉켜 권운 가닥의 방향이 제멋대로다.

캠코더로 촬영하는 천사. 잉글랜드 윌트셔주, 케닛 에이번 운하.
- Anne Hatton(14,125번 회원)

바다김안개. 미국 메인주, 사우스 포틀랜드에서 일출을 맞고 있다.
– Margaret D. Webster(40,825번 회원)

**미국 메인주의** 눈 덮인 해변 너머로 떠오르는 일출에 바다김안개로 뒤덮인 대서양이 드러나고 있다. 안개의 이 변종은 아주 차가운 공기가 상대적으로 따듯한 물 위로 흐르면서 생겨난다. 수면 바로 위의 공기가 수면과 접촉하면서 덥혀지고 물에서 증발되어 나오는 습기를 머금는다. 그리고 이 공기가 그 위의 차가운 공기와 부드럽게 뒤섞이면서 급속히 냉각되어 그 안에 머금고 있던 수분 중 일부가 눈에 보이는 물방울로 응결된다. 이 효과는 차가운 방 머그잔에 든 뜨거운 차에서 김이 올라오는 것과 비슷하다. 보통 바다김안개는 옅다. 수면에서 올라오는 미세한 안개 기둥이 미풍에 재빨리 흩어져버리기 때문이다. 하지만 이 사진 속 아침처럼 안개가 훨씬 두텁게 깔리기도 한다. 바다김안개의 솟아오르는 응결 기둥이 최고 20미터에 달했던 적도 있다고 한다.

**구름이 흰색을 띠느냐** 회색을 띠느냐는 몇 가지 요인에 달려 있다. 그중 하나는 당신이 바라보는 면이 햇빛이 비치는 곳이냐, 그늘이 지는 곳이냐, 하는 것이다. 이 사진에서는 태양이 오른쪽 앞에 있다. 저 멀리 있는 커다란 적란운이 어둡게 보이는 이유는 해를 등지고 있어서 햇빛이 뒤에서 들어오기 때문이다. 그래서 우리 눈에는 그늘진 면이 들어온다. 또 다른 요인 중 하나는 구름이 물방울로 만들어졌느냐, 얼음 결정으로 만들어졌느냐다. 하층운은 수없이 많은 작은 물방울로 이루어져 있다. 그래서 크고 성긴 얼음 결정으로 이루어진 고층운 권운보다 더 단단해 보인다. 하층운의 물방울이 고층운의 성긴 얼음 결정보다 빛을 더 많이 산란시키기 때문에 적운은 햇빛을 반사시켜 밝은 하얀색으로 보이고, 권운은 통과시키는 빛이 많아서 더 창백하게 보인다. 여기 앞쪽에 나와 있는 적운은 빛이 뒤에서 비치고 있지만 분열되고 있는 중이라 구름이 얇다 보니 더 많은 빛이 통과해서 하얗게 보인다. 또 한 가지 요인은 우리의 지각과 관련이 있다. 우리는 빛과 그림자를 상대적인 방식으로 판단한다. 이 경우처럼 뒤에 어두운 배경이 있는 경우에는 이 작은 적운이 더 밝게 보인다. 같은 적운이라도 밝고 맑은 하늘을 배경으로 보았다면 더 어둡게 보였을 것이다.

은하수. 지평선 위로는
번개가 치고 있다.
미국 유타주 블러프.
- Paul Martini(27,060)

**끝없이 변화하는** 덧없는 대기의 구름과 달리 구름을 닮은 은하수의 모습은 변하지 않는 영원한 모습으로 밤하늘을 가로지르며 펼쳐진다. 물론 이것은 태양에서 온 빛을 산란시키는 물방울로 이루어진 구름이 아니라 우리 은하계 전체에 퍼져 있는 다른 수많은 태양에서 나오는 빛이 모인 것이다. 그 태양의 수는 대략 2천억 개 정도다. 전형적인 큰 적운에 들어 있는 물방울의 숫자도 대략 그 정도는 되지 않을까?

22도 달무리. 미국
알래스카주 앵커리지.
- Doug Short
(21,013번 회원)

태양 빛은 대기 중의 물과 상호작용하면서 온갖 종류의 광학
효과를 만들어낼 수 있다. 달에 의해 생기는 광학현상은 그보
다는 덜 흔하지만 훨씬 큰 마력을 갖고 있다. 달빛도 햇빛과
똑같은 효과를 만들어낼 수 있지만 달무지개와 무리현상은
너무 희미해서 우리 눈으로 확인이 어려운 경우가 많아 훨씬
희귀하다. 물론 보름달이 꽉 찼을 때는 사정이 다르다. 달이
밝게 휘영청 떠오르고 하늘에 권층운의 얼음 결정 층이 드리
워 있으면 은은한 달빛이 구름의 얼음 프리즘을 통과하는 동
안 굴절이 일어나면서 22도 달무리라는 테 모양 빛을 빚어낼
수 있다.

크리스텐 쾨브케, 〈호수, 마을, 숲이 보이는 프레데릭스보르 성의 지붕 꼭대기〉(1833-1834).

**권층운은 열 가지** 구름 유형 중 가장 절제된 유형이다. 이것은 높이 떠 있는 얼음 결정의 층으로 하늘 전체를 덮는 경우도 종종 있다. 그럴 땐 그냥 파란 하늘에 별다른 특색 없이 우유 빛깔로 희미하게 퍼져 있다. 사실 권층운 층이 얇은 경우에는 하늘이 평소보다 조금 더 창백할 뿐 구름은 없다고 생각하는 이들도 많다. 권층운은 어느 정도 두께가 생기고 난 다음에야 눈에 들어오기 시작한다. 덴마크의 화가 크리스텐 쾨브케가 포착한 이 그림에서처럼 말이다. 이 그림은 그가 1830년대에 덴마크 힐레뢰드의 프레데릭스보르 성에서 바라본 모습을 그린 것이다. 이런 물러나는 구름은 세상의 이목을 오래 받기를 좋아하지 않는다. 눈에 띌 정도로 짙어지고 나면 보통 머지않아 권층운의 밑면이 아래로 충분히 내려오고, 사람들은 이 구름을 중층운인 고적운으로 새로 분류하게 될 것이다.

안개무지개. 카나리아 제도 테네리페 섬.
- Emily Watson(44,218번 회원)

**에밀리 왓슨은** 테네리페 섬에서 휴가를 보내다가 이 안개무지개를 발견했다. 낮게 뜬 태양이 뒤에서 비추고, 미세한 연무가 이 섬의 사화산인 테이데산의 비탈을 뒤덮자 에밀리는 안개무지개가 생기기 딱 좋은 순간이 찾아왔음을 알았다. 그녀는 햇빛이 구름을 아래로 비추는 위치를 찾아갔다. 안개무지개나 구름무지개는 빗방울보다 훨씬 작은 물방울에 의해 만들어지는 무지개다. 보통 이런 무지개는 산에서 안개를 아래로 내려다보거나, 비행기에서 구름을 내려다볼 때 관찰된다. 안개무지개 중심에 있는 에밀리의 그림자 주변으로 희미한 색의 띠도 간신히 보인다. 이것은 그림자광륜이라는 광학 효과다. 이 안개무지개는 특별한 휴가에서 아주 특별한 의미를 안겨준 광경이었다. 이 여행에서 에밀리가 결혼을 약속했기 때문이다.

벌집고적운. 미국 캘리포니아주 오언스 밸리.
- Stephen Ingram(7,328번 회원)

**대류 세포라는** 상승하는 공기 주머니는 고적운과 권적운을 사이사이에 틈새가 벌어진 규칙적인 구름 조각의 패턴으로 만든다. 그런데 이 대류 세포가 드물게는 정반대의 패턴을 만들어낼 수도 있다. 구멍이 규칙적으로 배열되어 있고 그 사이사이 구멍의 가장자리를 구름이 채우는 패턴이 생겨나는 것이다. 이런 변종을 벌집구름이라고 한다. 이 경우 대류하는 대기에는 닫힌 세포 대신, 열린 세포가 있어서 구름 조각이 생기지 않는다. 이런 구멍은 밀도 높고 찬 공기가 위에서 내려오는 곳에서 생기고, 가장자리의 구름은 밀도가 낮고 따뜻한 공기가 아래서 떠올라 그 빈자리를 채우는 곳에서 생긴다. 벌집구름lacunosus은 벌집을 닮았다고 해서 라틴어에서 따온 것인데, 사진 속의 구름은 대포에 맞아 누더기가 된 범선의 돛처럼 생겼다. 여기에 해당하는 라틴어는 뭘까?

손바닥에 올려놓은
적운. 미국 플로리다주
새러소타.
- Maria Lyle

다른 모든 생명체는
얼굴을 땅으로 향하고 살지만,
인간에게만은 눈을 별들을 향해 돌려
하늘을 바라볼 수 있는
얼굴이 주어졌다.

- 로마 시인 오비디우스 《변신 이야기》 (서기 8년)

층운으로 채워진 산봉우리. 브라질 우루비씨.

**대부분의 나무는** 필요한 물을 빗물이나 지하수의 형태로 뿌리를 통해 얻는다. 하지만 미국 캘리포니아 해안의 미국삼나무 숲과 코스타리카 몬테베르데의 열대우림을 연구한 바에 따르면 일부 나무는 안개 물방울로 흠뻑 젖은 이파리를 통해 더 직접적으로 물을 흡수한다는 것이 밝혀졌다. 이것은 엽면흡수foliar uptake라는 과정으로, 비는 잘 내리지 않지만 안개는 잘 끼는 건기를 겪는 숲의 나무들에게 큰 도움이 된다. 이 안개가 바다에서 해안의 숲으로 흘러 들어온 것이든, 나무가 우거진 내륙의 산비탈에서 올라온 것이든, 나무 이파리는 거기에 달린 미세한 털을 이용해서 작은 안개 물방울을 낚아챌 수 있다. 그 덕에 이 나무들은 비라는 중개자를 거칠 필요 없이 구름으로부터 직접 물을 뽑아낼 수 있다.

아치구름 또는
선반구름.
키르기스스탄 동부,
이시크쿨 호수.
- Busra Karademir
(45,062번 회원)

구름의 밑면 앞쪽을 따라 아치구름이라는 극적인 특성이 보이면 심각한 폭풍이 다가오고 있음을 알 수 있다. 이것은 선반구름이라고도 하며, 전진하는 슈퍼세포 폭풍의 앞쪽에 나타난다. 아치구름은 거친 날씨가 곧 들이닥치리라는 최후의 경고다. 하지만 특별히 큰 아치구름을 본 적이 없다면 왜 이 구름 특성의 이름을 '아치형'이라는 의미의 라틴어에서 따왔는지 언뜻 이해가 안 될 수도 있다. 큰 아치구름은 원근효과 때문에 구름의 아래쪽 등마루가 관찰자와 제일 가까운 중간 부분에서는 위로 불룩 튀어나와 보이고, 멀어지는 가장자리 부분에서는 아래로 휘어져 보이게 된다. 이렇게 해서 어둡고 불길해 보이는 아치 모양이 나타난다.

강 연기 안개.
뉴질랜드 남섬,
에글린턴 평원.
- Jean Gray

**이 1월의 안개는** 뉴질랜드 에글린턴산의 기슭 강줄기를 따라 흐르고 있다. 햇빛에 덥혀진 산비탈에서 공기가 상승함에 따라 그늘진 비탈면에 있던 찬 공기가 계곡 바닥을 가로질러 끌려 들어와 그 빈자리를 채우는데, 그렇게 에글린턴강 위를 가로지르는 동안 이 차가운 공기가 따뜻한 여름 강물에서 증발해 나오는 수증기와 뒤섞여 강 연기라는 낮게 깔린 안개를 만들어낸다.

말굽꼴 소용돌이 구름.
미국 위스콘신주
카제노비아.
- Stephanie Arena

**어떤 사람은** 말발굽이 뒤집어져 있으면 재수가 없다고 생각하지만, 구름추적자들은 그렇지 않다. 말굽꼴 소용돌이 구름은 자신의 구름 수집 목록에 자랑스럽게 올려놓을 수 있는 귀한 상賞이다. 가운데 부분이 위로 치켜 올라가는 동안 정교한 말굽 모양의 곡선이 바람에 휘어진다. 이 구름은 보기 드물 뿐만 아니라 순식간에 생겼다가 사라진다. 불과 1-2분이면 이 구름은 증발해서 사라지고 그저 운 좋게 그 구름을 구경한 사람의 기억 속에만 남게 될 것이다.

**위쪽:** 고양이 발 성운. NASA의 스피처 우주망원경에서 촬영.
새로 태어난 항성의 열이 주변의 가스를 팽창하게 만들어
이 거대한 성간구름에서 방울이 불어나고 있다. 이 방울들은
결국 폭발해서 벌집 같은 구조를 이루게 될 것이다.

**아래쪽:** 상어의 뒤쪽에서 헤엄치는 작은 물고기들을 못 보고
놓치기 쉬운 것처럼 면사포구름도 이목을 온통 독차지하는
적란운의 측면에서 형성되기 때문에 못 보고 지나치기 쉽다.
이 미세한 검은 줄무늬는 호주 허스키슨에서 피오나 시멘스가
찾아낸 것이다.

불을, 구름을 응시해봐.
그럼 곧 내면의 목소리가 말을 시작할 거야.
그 목소리를 받아들여.
그것이 허락된 일인지, 혹은 선생님, 아버지,
또는 신을 기쁘게 하는 일인지부터 물어보지는 마.
그랬다간 다 망쳐버릴 테니까.

– 헤르만 헤세, 《데미안》 (1919)

하늘에 뜬 원주율(π). 미국 캘리포니아주 북부, 샤스타산.
- Patty Kjobmand Cashman

〈로레또의 나자렛 성
가聖家 이전移轉〉
(1490년대 중반),
사투르니노 가티의
작품으로 추정.

중세시대는 위에 천사를 올려놓기 위한
목적이 아니면 절대로 구름을 그리지 않았던 반면…
우리에게는 구름 안에 많은 비나 우박 이상의 것이
들어 있다는 믿음이 없다.

- 존 러스킨,《근대 화가론》(1856) 3권 16장

적운의 상승기류를 타고 오르는 갈매기들. 영국 웨일스, 버리 항구.
- Peter Dayson(27,411번 회원)

**적운은 태양에 의해** 데워진 땅 위로 솟아오르는 공기 기둥 위에서 형성된다. 이 상승기류는 점점 팽창하면서 공기가 냉각되는데, 충분히 냉각되어 그 안에 담긴 수분이 물방울로 응결되면 우리 눈에 구름으로 보이게 된다. 이런 이유 때문에 적운은 이 보이지 않는 공기 엘리베이터의 위치 변화를 알려주는 하늘의 등대와도 같다. 글라이더 조종사들은 양력을 얻기 위해 상승기류를 탄다. 우리는 이 기술을 이 사진 속 갈매기 같은 새들로부터 배웠다. 이 새들은 에너지 소비를 최소화해서 몇 번의 날갯짓만으로 한 상승기류에서 다른 상승기류로 옮겨 타면서 아주 먼 거리를 활공으로 이동할 수 있다. 이 새들은 상승기류가 가까워졌음을 날개 끝의 미세한 깃털로 느끼는 것일까? 아니면 이들도 구름추적자라서 글라이더 조종사처럼 적운의 위치로 상승기류의 위치를 읽어내는 것일까?

권운. 스위스
스토켄회펜.
- Marc van Workum

나는 머리 위로 깃털처럼 떠다니는 여름 구름의
부드러움과 아름다움을 보며
그 높이와 특별한 움직임을 즐겼다.

- 랠프 월도 에머슨, 〈에세이 4: 자연〉, 《에세이》(1906)

적운이 고적운에
드리운 구름 그림자.
잉글랜드 웨스트서식
스주 버지스힐.
– David Watson
(44,951번 회원)

구름은 **빛과 그림자의** 놀이로 눈을 속일 수 있다. 이 사진을
보면 키 큰 적운의 윤곽선을 따라 그 위의 얇은 고적운 층이
잘려 나간 것처럼 보인다. 하지만 사실 이 적운 기둥은 고적운
층을 뚫고 위로 뻗어 올라가 있다. 잘려 나간 부분은 그 적운
이 아래 고적운 층에 드리운 그림자다. 우리 눈에 구름 물방울
이 보이는 이유는 물방울이 하늘에서 햇빛을 산란시키기 때
문이다. 이 사진처럼 물방울이 얇은 층 속에 들어 있을 때는
직접 햇빛을 받으면 밝은 담요처럼 보이고, 그늘에 들어가면
거의 투명하게 보인다. 여기에 원근에 의한 그림자의 반직관
적인 효과까지 더해지면 우리 눈에 비치는 구름의 구조가 실
제 구조와 아주 달라질 수 있다.

고적운. 미국 뉴욕,
맨해튼 로즈힐.
- Tony Hoffman
(34,316번 회원)

**도시인들에게는** 하늘이야말로 마지막 남은 진정한 야생이다.

반대쪽에서 바라본
파상고적운.
북미 대초원 상공.
- Shotsy Faust
(45,472번 회원)

우리는 구름을 양쪽에서 바라보는 첫 번째 세대다.
이 얼마나 놀라운 특권인가!
최초의 사람들은 위를 올려다보며 꿈을 꾸었다.
이제 우리는 위와 아래 양쪽을 바라보며 꿈을 꾼다.
이것이 분명 무언가를 바꾸어놓을 것이다.

- 솔 벨로, 《비의 왕 헨더슨》(1959).
싱어송라이터 조니 미첼은 이 문구에서 영감을 받아 1967년의
히트곡 〈보스 사이즈 나우〉를 만들었다고 했다.

천정호와 외상방호의 일부. 잉글랜드 체셔주, 볼링턴.
- Anthony Skellern(19,011번 회원)

**무지개를 뒤집어놓은 것** 같은 천정호라는 얼음 결정 광학효과는 자주 보이지는 않지만 그렇게 희귀하지만도 않다. 독일의 무리현상 관찰 네트워크 대기현상연구회의 클라우디아·볼프강 힌츠에 따르면 천정호는 유럽 대륙에서 연간 평균 6번 정도 나타난다고 한다. 이 사진 속의 천정호가 특별한 이유는 그보다 더 희미하고 진귀한 광학효과와 접해서 나타나고 있기 때문이다. 외상방호라고 하는 이 현상은 아래로 휘어지는 더 넓은 무지개다. 이것은 1년에 한 번 정도만 만들어진다. 둘 모두 태양이 지평선에 가까워졌을 때 하늘 높은 곳에서 나타난다. 이것은 똑바로 머리 위를 바라보려고 마음먹었을 때만 볼 수 있다. 따라서 이것은 누구나 볼 수 있지만, 구름 속에 머리를 두고 사는 사람들만 볼 수 있게 숨겨놓은 보물인 셈이다.

보리스 아니스펠드,
〈흑해와 크림반도
위로 드리운 구름〉
(1906).

**20세기 초반에 그려진** 풍경화들은 대부분 땅 높이에서 바라본 장면을 담고 있지만 러시아 태생의 화가 보리스 아니스펠드가 1906년에 그린 이 적운 풍경은 높은 곳에서 바라본 모습을 담고 있다. 이를 위해 그는 크림반도에 있는 아이우다흐산 정상에 올라갔다.

"행글라이더는 좌회전하시오." 네덜란드 에름.

– Nienke Lantman(24,009번 회원)

요한 크리스티안 달,
〈드레스덴 근처
빈트베르크 상공의
구름과 햇살〉(1857).

요한 크리스티안 달은 낭만주의 시대의 주요 인물로 꼽히는 19세기 노르웨이의 화가다. 그는 화가가 되면서 일찍이 무엇보다도 자연을 자세히 관찰하겠다고 마음먹었다. 그래서 늘 어김없이 육지와 바다의 풍경을 주제로 삼았다. 그의 목표는 자연의 자유와 야생성을 구현하는 예술을 창조하는 것이었다. 그의 캔버스 중 대다수가 하늘로 채워진 것도 당연하다.

왼쪽은 부챗살빛,
오른쪽은 거꾸로부챗
살빛. 메리 스티비슨이
미국 아칸소주 존슨카
운티 클라크스빌에서
노을을 마주해서,
또 노을을 등지고
바라보며 촬영했다.

**왼쪽 사진에서 보이는** 부챗살빛은 지는 태양 앞에 놓인 구름이 드리우는 그늘 때문에 생기는데, 가끔은 이것이 머리 위를 지나 반대쪽 지평선까지 쭉 이어질 때가 있다. 그것이 오른쪽 사진이다. 이렇듯 태양을 등졌을 때 보이는 빛줄기를 거꾸로부챗살빛이라고 한다. 하늘을 가로지르는 빛줄기들은 바로 머리 위에서는 부풀어 오르는 듯 보이지만 원근효과 때문에 양쪽 지평선 근처에서는 한 점에 모이는 것처럼 보인다. 그 전체 모습을 사진에 담기는 힘들다. 이것을 확인하려면 메리 스티비슨처럼 직접 그 자리에 가서 보아야 할 것이다.

정말 아름다운 날이다. 여자가 주위를 둘러보며 생각한다. '이보다 아름다운 봄은 없었을 거야. 구름이 이렇게 보일 수도 있다는 걸 지금까지 모르고 살았네. 하늘은 바다고, 구름은 오래전에 침몰한 행복한 배들의 영혼이라는 것을 모르고 살았어. 그리고 보살피는 손길처럼 바람이 부드러울 수 있다는 것도 모르고 있었지. 그럼 지금까지 나는 대체 뭘 알고 산 거지?'

- 우니카 취른, 《어두운 봄》 (1954)

피에로 델라 프란체스
카의 프레스코화
〈신성한 나무의 매장〉
(1452-1466),
이탈리아 아레초,
성프란체스코 성당.

**초기 르네상스 시대의 화가** 피에로 델라 프란체스카는 분명 구름추적자였다. 이 시기 다른 화가들은 뻔한 모양의 적운만 그렸지만, 그는 적운 대신 독특한 렌즈구름으로 채웠다. 이 그림의 렌즈구름은 비행접시와 다소 비슷해 보인다. 이 구름은 아레초에 있는 그의 유명한 프레스코화뿐만 아니라 다른 몇몇 그림에도 등장한다. 그가 렌즈구름을 그리도 좋아했던 이유는 이 구름이 언덕과 산의 바람이 불어가는 방향에서 형성된다는 사실로 설명할 수 있을지 모르겠다. 그는 토스카나의 아펜니노 산맥에서 나고 자랐다. 어쩌면 어렸을 때 렌즈구름을 바라보며 컸는지도 모른다. 이 독특한 구름이 그에게 강한 인상을 남겨 그가 나중에 그릴 하늘 그림에 영향을 미쳤는지도 모르겠다.

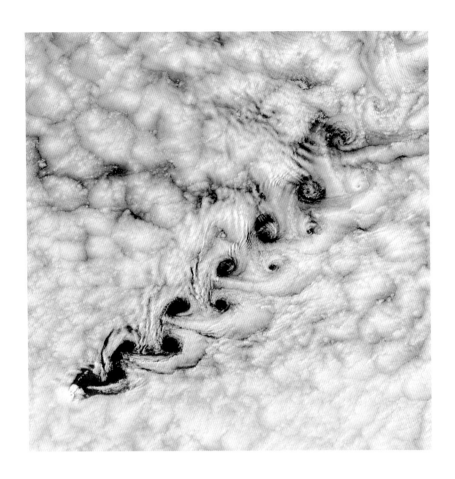

폰 카르만 소용돌이.
NASA의 테라 위성이
인도양 남부에서 촬영.

**인도양 남부 허드섬의** 바람이 불어가는 쪽 바다 구름에 시계
방향과 반시계방향으로 회오리가 연이어 소용돌이치고 있다.
이것을 폰 카르만 소용돌이라고 한다. 자연이 우리에게 머리
땋는 법을 알려주고 있다.

편평운.
호주 앨리스스프링스
남동부, 심프슨 사막.
- Sinead Hurley

**눈을 감고** 구름을 생각해보자. 그럼 아마도 적운, 즉 뭉게구름이 떠오를 것이다. 뭉게구름은 구름의 대명사다. 뭉게구름은 태양에 데워진 땅에서 보이지 않게 솟아오르는 공기 기둥인 상승기류의 꼭대기에 생긴다. 날씨 좋은 날에 호주 심프슨 사막 위에 생긴 이 작은 뭉게구름은 적운 중에서도 편평운이라고 한다.

폭풍을 몰고 오는
적란운의 모루구름
아래 생긴 유방구름.
잉글랜드 옥스퍼드셔
주 드레이턴.
- Lucy Cuckney
(14,259번 회원)

젖가슴처럼 생긴 구름 특성인 유방구름은 우리의 목숨이 구름이 내리는 젖에 달려 있음을 떠올려주는 존재다. 구름은 지구의 위대한 재생처리기다. 구름은 증발된 수분을 끝없이 응결시켜 비와 눈으로 내리며 바다의 소금물을 민물로 바꾸어준다.

난층운. 덴마크
유틀란트, 오르후스
지방정부, 홀메.
- Søren Hauge
(33,981번 회원)

산과 바다는 셀 수 없이 많은 놀라운 특성을 갖춘
완전한 세계를 품고 있다.
하지만 이와 같은 세계는 우리와 멀지 않으며,
바로 지금 여기 있는 한 방울의 물조차
그런 세상을 품고 있음을 이해해야 한다.

- 도겐 선사,《현성공안現成公安》(1233)

프랑스 몽블랑산 뒤에 스텔스 모드로 숨어 있는 UFO.
렌즈고적운이라고도 한다. 프랑스 샤모니, 쇼살레.

- Eystein Mack Alnæs

**왼쪽에서 오른쪽으로:**

미국 뉴욕 퀸즈.
- George Preoteasa
(41,445번 회원)

잉글랜드 낸트위치.
- Jan McIntyre
(34,229번 회원)

프랑스
에루빌생클레어.
- Thibaut de Jaegher

**이 세 가지 구름 변종은** 구름이 얼마나 투명할 수 있는지 보여준다. 왼쪽의 고층운 구름층처럼 태양의 위치를 확인할 수 있을 정도로 옅은 경우를 '반투명구름translucidus'이라고 한다. 중간에 나와 있는 층운은 태양의 위치를 완전히 가릴 만큼 두터워서 '불투명구름opacus'이라고 한다. 그리고 오른쪽에 나와 있는 층적운 같은 경우는 더 두터운 구름 덩어리로 이루어져 있지만 사이에 난 틈으로 그 위 하늘을 볼 수 있어서 '틈새구름perlucidus'이라고 한다.

고적운에서 커튼처럼 쏟아지는 강수인 꼬리구름이 낮은 태양에
서 나오는 이글거리는 불빛에 붉게 물들어 있다.
브라질 플로리아노폴리스.
– Roberval Santos(24,490번 회원)

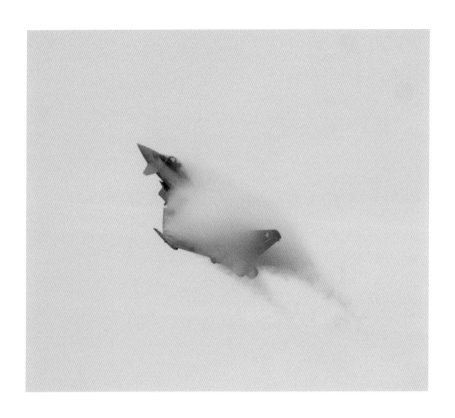

충격파 구름이
타이푼 제트기를
삼키고 있다.
북아일랜드 포트러시.
- Ross McLaughlin

**초음속에 가까워진** 제트기는 자신이 통과하는 공기에 충격파를 만들어낼 수 있다. 비행기 코끝에 있는 고도로 압축된 공기를 이 기압 파동의 마루라고 생각할 수 있다. 어느 파동이든 마루가 있으면 골이 뒤따른다. 그래서 그에 해당하는 극단적으로 낮은 기압 구역이 바로 그 뒤에 형성된다. 이곳에서 구름이 만들어져 제트기를 감쌀 수 있다. 모양에 따라서 이 충격파 구름을 증기원뿔이나 쇼크에그shock egg라 부르기도 한다. 여기서 물방울이 형성되는 이유는 기압이 급속히 떨어지면 온도도 급속히 떨어지기 때문이다. 이 기온강하가 공기 속 습기를 액체로 응결시킬 수 있다. 각각의 물방울은 눈 깜짝할 시간 동안 나타났다가 비행기 뒤쪽에서 다시 따듯해지면서 증발해 사라진다. 반면 기압파동은 제트기에 대해 상대적으로 고정된 위치에 머물기 때문에, 가속하는 비행기 동체에 구름이 계속 매달려 있게 된다.

하워드 크로슬렌의
벽화.
미국 콜로라도주 볼더,
미국 국립기상연구소.

이 **벽화는** 콜로라도주의 미국 국립기상연구소 메사연구실 로비에 있다. 국립기상연구소의 대기과학자 멜빈 샤피로가 1974년에 구상하고 화가 하워드 크로슬렌이 그렸다. 벽화에는 토네이도를 낳는 폭풍 구름, 물결구름, 산악 공기흐름, 심지어 바이킹 배의 뱃머리도 담겨 있다. 바이킹 배는 20세기 기상학에 크게 기여했던 스칸디나비아의 과학자들을 예우하는 의미로 들어가 있다. 이 벽화는 우리의 역동적인 대기와 그 대기를 움직이는 힘을 상징한다.

고층운과 고적운에서
만들어진 그림자광륜.
국제우주정거장에
탑승한 우주비행사
알렉산더 게르스트가
촬영.

**비행기를 자주 타는** 구름추적자들은 창가 좌석에서 가끔 보
이는 그림자광륜이라는 광학효과가 익숙할 것이다. 이것은
비행기의 그림자가 비행기 아래 구름층에 그림자를 드리울
때 그 그림자 주변으로 나타나는 무지갯빛 테다. 이 효과는 구
름에서 반사되는 햇빛이 작은 물방울 주변에서 회절을 일으
켜 생긴다. 그림자광륜은 비행기가 구름 표면에 가까울 때 자
주 생기지만 훨씬 더 높이 날고 있을 때도 만들어질 수 있다.
사실 국제우주정거장 창 너머의 이 장면이 보여주듯, 하늘을
아예 벗어날 만큼 높은 곳에서 날고 있는 동안에도 그림자광
륜이 보일 수 있다.

**이 무리해를 만들어낸** 반짝이는 다이아몬드 가루 얼음 안개는 꽤 건조하고 아주 추운 조건에서 자연적으로 만들어진다. 이런 조건에서는 공기 중의 희박한 수증기가 먼저 물로 응결되지 않고 곧바로 얼어붙어 얼음 결정이 된다. 하지만 얼음 결정이 스키 슬로프에 사용하는 인공 강설기의 부산물로 만들어질 수도 있다. 밤사이에 강설기가 만들어낸 아주 작은 육각형 얼음 결정들이 아침 찬 공기에 슬로프로 나선 스키어들 주변에 떠다닌다. 이런 식으로 만들어진 얼음 결정은 모양이 대단히 일정하고 광학적으로 순수한 편이다. 이렇게 떠다니는 작은 얼음 프리즘은 햇빛을 반사하고 휘어 이 무리해 같은 광학현상을 만들어내기에 이상적이다.

해질녘의 고적운.
캐나다 노스웨스트
준주, 옐로나이프.
- Renee Gerber

어쩌면 나는 그저 가망 없는 합리주의자일지도 모른다. 하지만 매혹은 위안만큼이나 마음에 위로가 되어주지 않던가? 자연은 복잡하고, 우리의 희망에 고분고분 따라주지 않기에 그만큼 더 흥미로운 것이 아니던가? 호기심은 연민만큼이나 놀랍고 근본적인 인간의 속성이 아니던가?

- 스티븐 제이 굴드, 〈타이어와 샌들〉,
《여덟 마리 새끼돼지》(1993).

적운. 2009년에
북서부 아마존 분지
상공, NASA의 아쿠아
인공위성에서 촬영.

**낮 동안에** 물 위보다 땅 위에서 구름이 더 잘 생기는 것은 보통 땅 표면이 햇빛을 받아 물보다 더 빠른 속도로 가열되기 때문이다. 하지만 아마존 같은 거대한 열대우림의 경우에는 또 다른 이유가 존재한다. 바로 나무다. 특히 건기에는 나무들이 햇빛에 가열되면서 이파리를 통해 공기로 수분을 방출한다. 이것은 증산이라는 현상으로, 땀 흘리기의 식물 버전이라 할 수 있다. 이런 과정을 통해 공기 중으로 방출된 습기가 사진에 보이는 것처럼 광범위하게 펼쳐진 적운의 무리를 만들어낼 수 있다. 위성 데이터 연구는 아마존 열대우림의 나무들이 해당 지역의 날씨를 건기에서 우기로 바꾸는 데 활발하게 관여하고 있음을 암시한다. 아마존을 가로질러 대서양에서 안데스로 향하는 공기의 흐름 속에서 비의 절반 이상을 증산과 강수의 반복적 주기를 통해 숲이 스스로 만들어내고 있다. 사실 아마존 모든 나무의 효과를 합하면 열대우림 위 대기에서 흐르는 수분의 흐름이 그 아래 거대한 아마존강으로 흐르는 수분의 흐름보다 일 년 내내 더 많다.

고적운. 호주 사우스오
스트레일리아주
클램지그.
- Deborah Milics

은둔 중인 한 스님이 이렇게 말한 적이 있다.
"나는 나를 세상과 묶고 있는 모든 것을 포기했지.
딱 한 가지, 아직도 나를 붙잡고 놓아주지 않는 것이
있다면 바로 하늘의 아름다움이라네."
그 스님이 왜 이렇게 느꼈는지 이해할 것 같다.

- 일본의 작가이자 불교 승려 요시다 겐코,《도연초》

옅은 층운에서 나타난 그림자광륜. 캐나다 브리티시컬럼비아, 코스트산맥, 잔코스키산.
- Paul Harwood

**구름의 광학효과 중에는** 그림자광륜이 가장 자기중심적이다. 한번 설명해보자. 이 효과는 햇빛이 직접 구름 위로 그림자를 드리울 때 무지갯빛 테로 나타난다. 그리고 보통 비행기 위나 높은 산에서 해를 등지고 구름을 내려다볼 때 발견된다. 이것이 자기중심적이라고 하는 이유는 여러 사람이 함께 관찰하고 있어도 모두가 각자 다른 그림자광륜을 보기 때문이다. 사람들은 동료의 그림자가 아니라 자신의 그림자를 중심으로 하는 테를 본다. 이 사진이 그것을 잘 보여준다. 사진을 촬영한 사람의 경우 그 테가 완벽하게 자신의 실루엣을 중심에 두고 있는 반면, 그 앞에 선 등반가가 바라보는 테에서는 그 사람의 그림자가 주연을 맡고 있다. 한마디로 그림자광륜은 소셜미디어 시대와 너무나 잘 어울리는 광학효과다.

가쓰시카 호쿠사이,
〈후지산 36경〉 중
〈가이 지방의 미시마
산길〉(1830-1832년경).

**호쿠사이의 판화** 〈가이 지방의 미시마 산길〉 속 여행객들은 엄청난 크기의 편백나무를 보고 너무도 흥분한 나머지 저 멀리 후지산의 영광스러운 깃발구름을 완전히 놓치고 있다. 이런 정신 나간 사람들이 있나!

**새로 분류된 거친물결구름을** 물결 형태의 다른 구름인 파상구름undulatus과 어떻게 구분할 수 있냐고? 좋은 질문이다. 파상구름은 물결 형태가 구름의 표면을 더 넓게 뒤덮는 경향이 있고, 낮은 능선들이 더 규칙적으로 나타난다. 반면 거친물결구름은 구름의 부가적 특성으로서, 보통 구름에서 한 조각이나 한 영역에만 나타난다. 거친물결구름은 밑면이 명확한 형태를 띠는 경향이 있고, 물결무늬가 더 혼란스럽게 요동친다. 마치 거친 바다를 수면 아래서 바라본 듯한 모습이다. 그런데 모두들 안 졸고 설명을 잘 듣고 있는 거지?

비행운.
미국 캘리포니아주
마린카운티
맥니어스 비치.
- Michael Warren
(37,489)

**항공기 응결 흔적** 혹은 비행운의 길이는 비행기 운항 고도의
대기 조건을 말해준다. 그곳의 대기가 건조하다면 비행기에
서 만들어지는 수증기가 물방울을 형성하지 못해 비행운이
나타나지 않는다. 반면 그곳 대기에 다량의 수분이 들어 있는
경우에는 형성된 비행운이 얼음 결정으로 얼어붙으면서 자라
고, 쪼개지고, 강풍에 흩어져 하늘을 가로지르는 넓은 구름 줄
무늬를 만든다. 대기 중의 수분 함량이 그 중간 어디쯤일 때는
이 사진처럼 비행운이 잠깐 형성되었다가 물방울이나 얼음
결정이 흩어지면서 사라진다.

극적인 모습의 고적운 노을이 부드러운 안개 바다 위로 떠 있다.
이탈리아 레카나티.

– Marco Cingolani(7,635번 회원)

**유방구름으로 알려진** 처진 주머니 모양의 구름 특성은 보통 폭풍구름의 아랫면에서 발견된다. 아래쪽 사진에서 보듯 이런 유방구름이 가장 극적인데, 사진을 보면 유방구름이 적란운 꼭대기에서 퍼져나오는 아치구름에 매달려 있다. 하지만 몇몇 다른 주요 구름 유형에서도 똑같은 구름 형태가 생길 수 있다. 그런 사례 중 하나가 위쪽 사진에 나와 있는 권운이다. 권운의 줄기에 유방구름이 매달려 있는 경우는 대단히 희귀하고, 발견하기도 쉽지 않다. 더 미세한 형태로 나타나기 때문이다. 유방권운은 구름추적 전문가를 위한 분류다.

**위쪽:** 유방권운. 벨기에 레베케.
- Kristof De Maeseneer(32,680번 회원)

**아래쪽:** 유방적란운. 미국 콜로라도주 퍼셀.
- Alison Banks

폴 시냐크, 〈앙티브의 장밋빛 구름〉(1916).

**해 질 무렵** 구름을 물들이는 따듯한 장밋빛 색조는 햇빛이 그 구름에 도달하기까지의 여정으로부터 만들어진다. 이 풍경 속 구름을 예로 들어보자. 태양이 지평선 가까이 떨어졌기 때문에 햇빛이 하늘을 옆으로 비스듬히 관통하고 있다. 이 햇빛은 공기층을 길게 관통한 후에 구름 산을 비추는데 그 과정에서 공기 입자들이 햇빛을 이리저리 산란시키고, 그동안 햇빛의 색이 더 따듯해진다. 대기는 붉은 계열보다 파란 계열 빛을 더 잘 산란시키기 때문이다. 그래서 차가운 푸른 기운의 햇빛은 숨어진다. 그리고 노랑 계열과 분홍 계열의 빛은 잘 통과한다. 시냐크가 그린 구름의 정상 부분은 금빛을 띠고 있다. 이곳을 비추는 빛은 붉은 기운의 아래쪽 구름보다 더 높은 곳을 지나는 탓에 통과하는 대기의 양이 많지 않기 때문이다. 그 위의 권운은 그 양이 더 작다. 그래서 이 늦은 시간에도 상층운은 어두워지는 하늘을 배경으로 밝은 흰색으로 빛난다.

수면에 반사된 권운.
일본 후쿠오카,
오도 요트하버.
- Junichi Kai

여기저기 불어오는 바람 한 줄기 빼고는
너무도 좋은 아침.
돛이 하늘 높이 꽂혀 있는 듯,
구름이 바다에 빠져 있는 듯,
바다와 하늘이 모두 하나의 천으로 보였다.

- 버지니아 울프,《등대로》(1927)

자개구름 혹은
진주모운. 북아일랜드
앤트림주, 켈스.
- Paul Bell
(5,248번 회원)

**성층권의 자개구름은** 진주 빛깔 때문에 가장 아름다운 구름 중 하나가 됐다. 하지만 이 예쁜 구름에는 다른 면이 있다. 이 구름은 10-25킬로미터 정도의 오존층 고도에서 형성된다. 무슨 의미일까? 이 구름에 들어 있는 얼음 입자들은 자외선을 차단해주는 오존층이 CFC 가스에 의해 분해되는 화학반응이 일어나기에 완벽한 환경을 제공한다. 이 CFC 가스는 1980년대 후반에 사용이 금지되기 이전에 우리가 방출한 것들이다. 젠장.

돼지가 하늘을 날지 못한다는 건 누구나 아는 사실.
하지만 돼지들도 가끔 전화 케이블 위에 앉아 하늘을 감상한다.
미국 워싱턴주 에버렛.
- Jeanette White

태즈메이니아 하늘 위에서 얽힌 권운의 꼬인 가닥들이
층운 위에서 한들한들 자유롭게 춤을 추고 있다.
호주 태즈메이니아, 버니.
– Susan McArthur

층운.
벨기에, 서플랑드르
미델케르케.
- Tom Keymeulen

**구름 애호가들은** 층운과 애증의 관계가 있다. 사촌지간인 더 높은 곳의 고층운, 그리고 더 많은 물기를 머금고 있는 적란운과 더불어 이 구름은 대부분의 사람이 구름에 대해 보이는 부정적 반응을 일으키는 원흉이라 할 수 있다. 구름 없는 맑은 하늘을 추종하는 '파란하늘주의'라는 그릇된 개념은 특히나 우울하기 짝이 없는 층운에 대한 반발로 생겨났을 가능성이 높다. 하지만 낮게 드리운 층운의 옅은 안개 속에서 낭만을 찾아볼 수도 있다. 연이어 이어지는 회색 풍경 속에서 혼자 깊은 생각에 빠져들면 무아지경을 맛보기도 하고, 층운을 바라보다 보면 무한의 존재 가능성을 마주할 수도 있다. 살아남은 마지막 인류가 된 듯한 기분도 느낄 수 있다.

여름 하늘의 뭉게구름
(적운). 미국 일리노이
주 시카고 바로 북쪽.
– Paul Noah
(46,523번 회원)

**중간적운이** 미시간 호수 연안을 향하고 있다. 이들이 물을 두려워하는 것은 아니다. 그저 낮은 온도를 유지하는 호수에 비해 땅은 여름 햇살을 받아 신속하게 가열되기 때문에 그 위에서 만들어지는 것뿐이다. 이 구름이 나중에 물로 뛰어들 수도 있지만 그런 일은 이 구름이 소나기를 내리는 봉우리적운으로 자라 한 방울씩 물 위로 몸을 내던질 때라야 가능할 것이다.

자리아 포먼,
〈무제 31번〉(2006).

미국 화가 자리아 포먼이 그린 이 파스텔 그림은 고요한 바다로 쏟아지는 장대비를 묘사하고 있다. 이 소나기 흔적은 봉우리 적운에서 나왔을 공산이 크다. 여러 봉우리적운의 밑면들이 하나의 구름처럼 합쳐져 하늘을 덮고 있는 것이다. 이 소나기 흔적은 꼬리구름virga이 아니라 강수구름praecipitatio으로 분류된다. 꼬리구름은 강수가 내려오는 도중에 하늘에서 증발해 사라지는 경우를 말하기 때문이다. 반면 강수구름은 거기서 내리는 눈이나 비가 지표면까지 도달하는 경우를 말한다.

일출의 안개와 그 위로
뜬 고적운. 스코틀랜드
퍼스킨로스,
텀멜 호수.
- Ian Loxley
(1,868번 회원).

그리고 인생이란 무엇인가?
흘러내리는 모래시계, 아침햇살에 물러나는 안개,
여전히 반복되는 바쁘고 부산한 꿈.
인생의 길이는?
잠깐의 멈춤, 한 순간의 생각.
그러면 행복은?
개울 위의 물거품.
잡으려 하는 순간 꺼져버리니까.

- 존 클레어, 〈인생이란?〉(1820)

341

이 사진처럼 구름이 줄줄이 길게 늘어서 있는 것을 구름줄기라고 한다. 이 구름의 꼭대기는 상승기류의 꼭대기를 표시해주며, 또 이 구름이 늘어선 방향은 구름의 방향을 알려주기 때문에 이런 형태의 구름은 글라이더들에게 하늘의 고속도로 역할을 한다. 구름줄기를 이용한 글라이더 비행이 최초로 보고된 것은 1935년이다. 이 비행은 독일 서부의 바이로이트에서 체코 공화국의 브르노까지 500킬로미터가 넘는 거리였다. 그 후로 글라이더 비행사들은 이런 구름 형태를 찾아다니고 있다.

구름줄기. 방사적운이라고도 한다.
미국 애팔래치아산맥 남쪽 상공에서
비행 중에 촬영.
- Seth Adams

비행기 두 대가 만들어낸 구멍구름. 잉글랜드 엔필드, 뉴사우스게이트.
- Liam Greany

**이 사진처럼** 구름에서 선이 하나 예리하게 잘려나간 것처럼 보인다면 그것은 분명 비행기가 만들어낸 흔적이다. 이것은 구름층에 들어 있던 아주 차가운 물방울들이 얼어붙기 시작하면서 얼음 결정이 되어 떨어지는 구멍구름, 혹은 낙하줄무늬 구멍의 사례다. 만약 이 얼음 결정이 구름 아래 있는 따뜻하고 건조한 공기를 만나 사라지면 구름 속에는 구멍만 남는다(이 사진에서는 선이 남았다). 비행기는 날개 소용돌이 안에서 일어나는 냉각작용을 통해, 아니면 배기가스 안에 들어 있는 작은 입자들이 결빙핵으로 작용함으로써 이런 과정을 촉발할 수 있다. 먼지, 재, 식물성 물질 등 자연에서 만들어지는 것이든, 이렇게 인공적으로 도입된 것이든 구름의 물방울이 얼기 위해서는 일반적으로 이런 결빙핵이 필요하다. 인공적으로 만들어진 이런 구름구멍을 '흩어짐 흔적distrail'이라고도 한다.

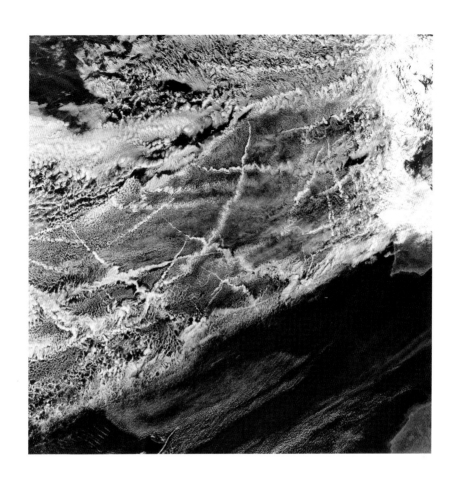

선박 자국.
NASA의 아쿠아
인공위성에서 촬영.

**우리는 비행기 뒤로** 하늘에 구름이 줄처럼 그어져 있는 응결 흔적은 자주 보고 산다. 하지만 포르투갈과 스페인의 연안에서 바다를 가로지르고 있는 이 구름의 흔적은 배가 만들어낸 것이다. 이 구름은 선박 자국ship track이라 하는데, 배의 배기 가스에서 방출된 작은 공해 입자에 물방울이 응결해서 생긴다. 그 먼지들이 응결핵으로 작용해서 그 위로 물 분자들이 모이는 것이다. 알맞은 대기 조건에서는 이 사진에서 보는 것처럼 수백 킬로미터씩 선박 자국이 생길 수 있다.

르네 마그리트,
〈빛의 제국 2〉.

**벨기에의 초현실주의 화가** 르네 마그리트의 작품에 익숙한 사람이라면 그가 구름추적자였음을 알아차릴 것이다. 하지만 그는 한 가지 유형의 구름만 찾아냈던 것으로 보인다. 바로 적운이다. 밤과 낮을 초현실적으로 나란히 배열해놓은 이 〈빛의 제국 2〉라는 작품에서 등장한 마그리트의 적운은 날씨 좋은 날에 나타나는 납작한 종류다. 이렇게 제일 작은 적운을 편평운이라고 한다.

스위스 융프라우 위에서 제임스 윌리엄스가 발견한 깃발구름이 무지갯빛 색과 '난류 구멍'을 보여주고 있다. (난류 구멍은 아직 공식적으로 분류가 안 되어 있어서 우리가 붙여준 이름이다.)

**산에서 바람이** 불어가는 쪽 방향으로 생기는 길들여지지 않은 난폭한 공기 속에서 섬세하게 세공한 것 같은 구름이 발달할 수 있다. 융프라우 같은 높은 산 정상에서는 산에서 바람이 불어가는 쪽 방향으로 뻗어가는 깃발구름이 종종 만들어진다. 이 구름은 두 가지 독특한 특성을 나타낼 수 있다. 하나는 구름 무지갯빛cloud iridescence이라고 하는 파스텔 색깔의 띠 무늬이고, 하나는 그 구름에서 펀치로 찍어낸 것처럼 보이는 구멍이다. 이 색깔은 깃발구름 속 작은 물방울 주변에서 빛이 휘어지고 회절되어 생긴다. 정상에서 바람이 불어가는 쪽으로 생긴 강력한 소용돌이 때문에 강하게 바람이 이는 곳에서는 회오리가 공기를 빨아들여 구름을 찢어 구멍을 만들어낸다. 대기 조건이 맞아떨어지는 경우에는 산바람이 맹렬하게 공기를 휘저으면서 모든 구름 중에서 가장 섬세한 레이스 모양의 구름을 만들어낸다.

수천 명의 사람이
사랑 없이도 살아남았지만,
물 없이 살아남은 사람은 없다.

- W. H. 오든, 《먼저 해야 할 일부터 먼저》(1956)

**렌즈구름은 가장 매끄러운** 구름이라서 적운이 그 옆에 있으면 조금 지저분해 보인다. 이 두 구름은 서로 아주 다른 방식으로 만들어진다. 적운은 상승기류의 꼭대기에서 끓어오르듯 만들어진다. 렌즈구름은 언덕이나 산에서 바람이 불어가는 쪽의 매끄러운 기류 안에서 생긴다. 두 구름이 함께 어울리는 모습이 정말 보기 좋다.

모든 장엄한 광경은 구름이 함께하면 더욱 장엄해진다.
여기 스위스의 아이거산이 아래로는 그린델발트 계곡의 충운
층, 그리고 하늘 위 고적운 층 사이에 떠 있다.
– John Callender(26,942번 회원)

권층운. 탄자니아
만라야 호수의 일출.
- Abbas Virji
(39,576번 회원)

아래 있는 것은 위에 있는 것과 같고,
위에 있는 것은 아래 있는 것과 같다.

- 아이작 뉴턴 번역, 《에메랄드 태블릿》(1680년경)

조각층운. 아이슬란드
웨스트피오르
- Gillian Edkins
(42,894번 회원)

사람들은 **대부분** 층운이라고 하면 계곡을 채우고, 바다를 뒤덮고, 키 큰 빌딩을 가리는 낮게 깔린 넓은 담요 같은 구름이라 생각한다. 하지만 층운에도 사람을 질식시킬 것처럼 답답하지 않은 형태가 존재한다. 바로 조각층운Stratus fractus이다. 이 구름은 일시적으로 생겼다 사라지는 가늘고 섬세한 조각으로 나타난다. 보통은 언덕이나 산의 사면을 안고 있는 모습을 한다. 이런 형태의 구름은 포화된 공기가 산 사면을 따라 부드럽게 올라가면서 냉각될 때 생겨날 수 있다. 층운의 조각구름 변종은 넓게 드리우는 일반적인 형태의 층운인 안개모양층운nebulosus보다 더 섬세할 뿐 아니라 좋은 기분을 불러일으킨다. 이 구름은 풍경에 고대의 신비로운 느낌을 더해준다.

**풍경화가들은** 다른 사람들보다 대기의 기분을 더 잘 파악한다. 허드슨 리버파를 창시한 19세기 화가 토머스 콜은 이렇게 적었다. "땅을 해가 뜰 때면 그토록 사랑스럽고 해가 질 때면 그토록 아름답게 만들어주는 것은 바로 하늘이다. 어떤 날에는 땅 위로 수정 같은 창공을 불어넣고, 어떤 날에는 액체로 된 금을 불어넣는다." 한편 스코틀랜드 서부 해안의 말레이그에서 작업했던 20세기의 미국 화가 존 슐러는 이렇게 적었다. "특히나 사운드 오브 슬릿 해협 위로 폭풍우에 시달리는 음울한 하늘에서 나는 지나간 꿈의 생생한 이미지를 발견한다. … 여기서 나는 격앙되고 응축된 자연의 드라마를 볼 수 있다. 땅이 형성되고, 바다가 사라지고, 세상이 조각나고, 색은 합쳐지거나 불타오르는 형상을 낳는다."

---

**위쪽:** 토머스 콜이 그린 〈허드슨강의 화창한 아침〉(1827)에서 섬세한 조각층운이 미국 뉴잉글랜드 캣츠킬산의 사면을 아름답게 장식하고 있다.
**아래쪽:** 스코틀랜드 말레이그에서 바라본 사운드 오브 슬릿 해협 건너편의 폭풍 치는 풍경. 존 슐러가 그린 〈빛과 검은 그림자〉(1977)에서.

홀러가는 조각적운.
비행기 조종실에서
촬영.
- John Gale
(15,702번 회원)

나는 어느 한순간 의기양양했다가도
바로 다음 순간에는
애수에 젖어들 수 있습니다.
흘러가는 구름 한 조각만 봐도
그럴 수 있죠.

- 밥 딜런, 1997년 〈뉴욕타임스〉 인터뷰에서

무리현상. 아이슬란드.
- Kevin Schafer(46,954번 회원)

**구름들이 뒤섞여 있는** 하늘에서 햇빛이 권운의 두터운 조각 가장자리를 통과하며 태양을 중심으로 빛의 호 두 개를 만들었다. 제일 안쪽에 있는 호는 흔히 보이는 것으로, 둥그런 22도 무리의 일부다. 바깥쪽의 호는 그보다 드물게 나타나는 외접무리로, 태양 고도에 따라 모양이 크게 달라지기 때문에 무리현상 중에서도 특이한 편이다. 태양이 아주 높이 떴을 때는 이 무리도 단순한 원형으로 나타난다. 하지만 사진에서 보는 것처럼 태양의 고도가 살짝 낮아지면 외접무리의 모양이 좀 더 타원형으로 바뀐다. 여기서 더 낮아지면 타원형의 측면이 아래로 처지면서 콩팥 모양에 가까워진다. 태양과 지평선 사이의 각도가 30도 아래로 내려올 즈음이면 이 광학효과가 쪼개져 이제는 태양 위로 하나, 태양 아래로 하나, 이렇게 두 개의 접호로 나타난다. 다음에 누가 하늘을 올려다보며 "저 이상하게 생긴 이중 무지개는 뭐지?"라고 물어보면 이 내용들을 꼼꼼히 기억해두었다가 설명해주자.

해 질 무렵 배 두 척이 세찬 바람이 부는 바다를 가로질러
항해하고 있다. 아니, 잠깐. 사실 이것은 보스턴의 스카이라인
위로 드리운 안개다. 비행기 조종실에서 촬영.
– Peter Leenen(32,762번 회원)

다이아몬드 가루에
의해 생긴 22도 무리,
무리해, 하단접호.
그린란드 서밋 캠프.
- David Malpas

기쁨을 자기에게 묶어두려 하는 자는
날개 달린 삶을 파괴하지만,
날아가는 기쁨에 입 맞추는 자는
영원한 일출 속에 살아간다.

- 《윌리엄 블레이크의 노트》(1793년경)

해가 어떻게 떴는지 말해주지
한 번에 하나씩 리본을 풀듯이 말이야
교회 첨탑은 자수정으로 가득 뒤덮이고
소식은 다람쥐처럼 퍼져나갔지.

언덕들은 덮개를 풀고,
쌀먹이새가 울기 시작했지.
그래서 나는 나지막이 혼잣말을 했어.
"저것은 분명 해였나 봐!"라고.

- 에밀리 디킨슨, 〈해가 어떻게 떴는지 말해주지〉(1861)

편평운 위에 만들어지고 있는 물결구름. 덴마크, 중앙 유틀란트, 오르후스.
- Søren Hauge(33,981번 회원)

**우리가 구름감상협회에서** 공유하고 있는 구름 사진들은 참고서적에서 등장하는 구름처럼 극적인 것이 많다. 사람들은 해당 유형의 구름이 하늘을 온통 뒤덮고 있는 사례를 좋아한다. 이런 사례들은 해당 구름의 특징적인 면을 보여주는 데 도움이 되는 하겠지만 이런 것들만 눈에 익다 보다 보면 자기가 추적한 구름은 뭔가 아쉽다는 느낌이 들 수 있다. 그래서 더욱 장엄하고 이국적인 구름을 볼 수 있는 머나먼 땅을 동경하게 된다. 하지만 그래서는 구름추적의 핵심을 놓치는 것이다. 마음가짐에 따라 일상적인 것에서도 얼마든지 이국적인 것을 찾아낼 수 있기 때문이다. 바다에서 포말을 일으키며 하얗게 굽이치는 파도가 늘어선 것처럼 보이는 물결구름을 예로 들어보자. 보통 이런 형태의 구름은 희귀하다고들 하지만, 사실 그런 극적인 사례를 찾아보기가 어려울 뿐이다. 이 사진처럼 포착하기 어려운 미묘한 사례들도 그에 못지않게, 아니 어쩌면 그보다 더 값지다. 오직 당신에게만 그 존재를 드러냈으니 말이다.

2 Pat Cooper; 15 Stephen Ingram; 16 Cloudy Mountains (before 1200) by Mi Youren. In the collection of the Metropolitan Museum of Art, New York, US. Ex. coll: C. C. Wang Family, Purchase. Gift of J. Pierpont Morgan, by exchange, 1973. Photograph: age fotostock/Alamy Stock Photo; 17 Ian Boyd Young; 18 Danielle Malone; 19 Sarah Jameson; 20 Keith Edmunds; 21 Frank Leferink; 22 Debbie Whatt; 23 Søren Hauge; 24 NASA/JPL-Caltech/Space Science Institute; 25 New Mexico Recollection (1922–23) by Marsden Hartley. In the collection of the Blanton Museum of Art, Austin, Texas, US. Photograph: Historic Images/Alamy Stock Photo; 26 NASA/JSC; 28 Rauwerd Roosen; 29 NASA image courtesy Jeff Schmaltz, LANCE/EOSDIS MODIS Rapid Response Team at NASA GSFC; 30 Rodney Jones; 31 Poppy Jenkinson; 32 Cloud studies (1820–22) by John Constable, in the collection of the Yale Center for British Art, New Haven, Connecticut, US. Photograph: Mark Richardson; 33 Elise Bloustein; 34 Katalin Vancsura; 35 (top) Ram Broekaert; 35 (bottom) Richard Ghorbal; 36 Ebony Willson; 37 NASA/JPL/University of Arizona – HiRISE; 38 Seashore by Moonlight (c. 1835–36) by Caspar David Friedrich. In the collection of the Hamburger Kunsthalle, Hamburg, Germany. Photograph: Art Collection 4/Alamy Stock Photo; 39 Kelly Hamilton/Gingham Sky Photography; 40 Sarah Nicholson; 41 NASA/JPL-Caltech/SwRI/MSSS/Bjorn Jonsson; 42 David Law; 43 Bibliothèque de Genève, Switzerland; 44 (top) Greg Dowson; 44 (bottom) Starry Night (1889) by Vincent van Gogh. In the collection of the Museum of Modern Art, New York, US. Photograph: FineArt/Alamy Stock Photo; 45 Althea Pearson; 46 Christopher Watson; 47 J.P. Harrington and K.J. Borkowski (University of Maryland) and NASA/ESA; 48 NASA/MODIS; 49 Hetta Gouse; 50 Gavin Pretor-Pinney; 51 Mike Brown; 52 Rural landscape with later cloud studies by Luke Howard (1772–1864) c. 1808–11 (w/c on paper), Kennion, Edward (1744–1809)/Science Museum, London, UK/Bridgeman Images; 53 Sim Richardson; 54 ESA/NASA; 55 Katrina Whelen; 56 Ground Swell (1939) by Edward Hopper . On display at the National Gallery of Art, Washington DC, US, Corcoran Collection (Museum Purchase, William A. Clark Fund). © Heirs of Josephine Hopper/Licensed by Artists Rights Society (ARS) NY/DACS, London 2019; 57 Debra Ceravolo; 58 Karin Enser; 59 (top) Michael Sharp; 59 (bottom) ESA/NASA-A. Gerst; 60 View of Bievre-sur-Gentilly (c. 1895) by Henri Rousseau. Private collection. Photograph: The Picture Art Collection/Alamy Stock Photo; 61 Chris Devonport; 62 Jeff Schmaltz, MODIS Land Rapid Response Team, NASA GSFC; 63 Joan Laurino; 64 Christine Alico; 65 Michael Schwartz; 66 (left) Badr Alsayed; 66 (right) Alain Buysse; 67 Matthew Curley; 68 Above the Clouds I (1962/1963) by Georgia O'Keeffe. O'Keeffe, Georgia (1887–1986): Above the Clouds 1, 1962–63. Santa Fe, The Georgia O'Keeffe Museum. Oil on canvas. 36 1/8 x 48 1/4 in. 1997.05.14. Gift of the Burnett Foundation and the Georgia O'Keeffe Foundation. Photo: Malcolm Varon 2001. © 2019 Photo Georgia O'Keeffe Museum, Santa Fe/Art Resource/Scala, Florence; 69 Frieder Wolfart; 70 Frank Povah; 71 Jelte Vredenbregt; 72 Tom Bean; 73 Maria Wheatley; 74 Matt Friedman; 75 A Balloon Prospect from Above the Clouds (1786) by Thomas Baldwin. Department of Special Collections, Memorial Library, University of Wisconsin-Madison, Madison, Wisconsin, US; 76 Julie Magyar Africk; 77 NASA; 78 Hans Stocker; 79 Terence Pang; 80 Winter Scene in Moonlight (1869) by Henry Farrer. From the Collection of the Metropolitan Museum of Art, New York, US. Purchase, Morris K. Jesup Fund, Martha and Barbara Fleischman, and Katherine and Frank Martucci Gifts, 1999; 81 (left) James Brooks; 81 (right) Jean-Christophe Benoist; 82 Adolfo Garcia Marin; 83 Christina Brookes; 84 ESA/NASA-A. Gerst; 85 Sylvia Fella; 86 Chito L. Aguilar; 87 Edward Hannen; 88 Norman Kuring, NASA's Ocean Biology Processing Group; 89 Tim de Wolf; 90 NASA/JPL/Texas A&M/Cornell; 91 Andy Sallee; 92 Melyssa Wright; 93 Tom Bean; 94 Melyssa Wright; 95 (left) Antonio Martin; 95 (right) Karel Jezek; 96 Vädersolstavlan (c. 1535) by Urban Målare (anonymous painter) or Jacob Elbfas. In Storkyrkan Cathedral, Stockholm, Sweden; 97 Kenneth R. Carden; 98 Maxine Hill; 99 Jente De Schepper; 100 NASA; 101 robertharding/Alamy Stock Photo; 102 Clouds over Water: Moonlight, 1796

by J.M.W. Turner. D00828 by Tate Images/Digital Image © Tate, London 2014 from Studies near Brighton Sketchbook (Finberg XXX), Clouds over Water: Moonlight; 103 Patrick Dennis; 104–105 Nienke Lantman; 106 Daniel Fox; 107 Lana Cohen; 108 (top) NASA/ESA/STScl; 108 (bottom) NASA/ JPL-Caltech/Space Science Institute; 109 Richard Corrigall; 110 Sallie Tisdale; 111 South Wind, Clear Sky (1830) by Katsushika Hokusai. From the collection of the Metropolitan Museum of Art, New York, US. Henry L. Phillips Collection, Bequest of Henry L. Phillips, 1939; 112 Jaap van den Biesen and Nienke Edelenbosch; 113 ESA/NASA; 114 Petr Kratochvil; 115 Filip Gavanski; 116 Jeremy Hanks; 117 (top, middle and bottom) Jean Louis Drye; 118 NASA; 119 Maarten Hoek; 120 Cecelia Cooke; 121 Genesis, The Creation: Division of Sea and Earth (c. 1467) by The Master of Feathery Clouds. © Koninklijke Bibliotheek, National Library of the Netherlands; 122 Ross McLaughlin; 123 Marcus Murphy; 124 Darya Light; 125 NASA Earth Observatory image by Jesse Allen, using data from the Land Atmosphere Near real-time Capability for EOS (LANCE); 126 JSC/NASA; 127 John Findlay; 128 Christina Connell; 129 Randolph Harris; 130 NOAA-NASA-GOES Project; 131 Linda Eve Diamond; 132 Jenny Shanahan; 133 Nicole Bates – Eight Skies; 134 Buddha Traverse Le Gange, an anonymous illustration from 'Vie Illustrée du Bouddha Cakayamouni' in Recherches sur les Superstitions en Chine (1929), Vol 15, by Henri Doré. ; 135 (left) David Rudas; 135 (middle) Judy Shedd; 135 (right) James Morrison; 136 Graeme Blissett; 137 NASA/ISS Crew Earth Observations Facility and Earth Science and Remote Sensing Unit, Johnson Space Center; 138 The Village by the Lake (1929) by Paul Henry. In the collection of Museums Sheffield, Sheffield, UK. Photo © Museums Sheffield. ; 139 Frits Kuitenbrouwer; 140 Peter Leenen; 141 Robyn Molnar; 142 NASA image by Jeff Schmaltz, LANCE/EOSDIS Rapid Response #nasagoddard; 143 Heather Prince; 144 Laura Simms; 145 National Oceanic & Atmospheric Administration (NOAA), NOAA Central Library. Published in the Monthly Weather Review, December 1902, from the US Weather Bureau; 146 Graham Billinghurst; 147 Tom Bean; 148 James Tromans; 149 Juergen K. Klimpke; 150 NASA; 151 Fiorella Iacono; 152 Gray and Gold (1942) by John Rogers Cox. Gray and Gold, 1942. John Rogers Cox (American, 1915–1990). Oil on canvas, framed: 116 x 152 x 12.5cm (45 11/16 x 59 (13/16) x 4 15/16 in.); unframed; 91.5 x 151.8cm (36 x 59 3/4in). The Cleveland Museum of Art, Mr. and Mrs. William H. Marlatt Fund 1943.60. ; 153 (left) Karel Jezek; 153 (right) Monica Nitteberg; 154 Jorge Figueroa Erazo; 155 Nizma Arifin; 156 Norman Kuring, NASA's Ocean Color web; 157 'Falling stars as observed from the balloon', an illustration from Travels in the Air (1871) by James Glaisher, Camille Flammarion, Wilfrid de Fonvielle and Gaston Tissandier. National Oceanic & Atmospheric Administration (NOAA), Treasures of the NOAA Library Collection; 158 Adam Littell; 159 Mark Hayden; 160 John Bigelow Taylor; 161 Joost van Ekeris; 162 (top) ESA/GCP/UPV/EHU Bilbao, CC BY-SA 3.0 IGO; 162 (bottom) Raymond Kenward; 163 Kym Druitt; 164 Illustration for Henry Wadsworth Longfellow's 'The Rainy Day' by Myles Birket Foster. In the collection of the National Gallery of Art, Washington DC, US; 165 NASA; 166 (left) Chase Vessels; 166 (right) Leslie Cruz; 167 Dmitry Kolesnikov; 168 NASA Earth Observatory image by Joshua Stevens, using Landsat data from the US Geological Survey and topographic data from the Shuttle Radar Topography Mission; 169 Laura Stephens, www.amindfulmess.com; 170 James McAllister; 171 Christina Brookes; 172 Ko van Hespen; 173 Equivalents (1926) by Alfred Stieglitz. From the collection of the Metropolitan Museum of Art, New York, US. Alfred Stieglitz Collection, 1949; 174 Lauren Antanaitis; 175 'Cross-sections of large hailstones' illustration from L'Atmosphere by Camille Flammarion. National Oceanic & Atmospheric Administration (NOAA), Treasures of the NOAA Library Collection; 176 Lodewijk Delaere; 177 Dennis Olsen; 178 NASA/JPL-Caltech/Space Science Institute; 179 Fresco by Giotto, in the Basilica of St Francis in Assisi, Italy. Photograph: The Picture Art Collection/ Alamy Stock Photo; 180 ESO/Y. Beletsky. Licensed under the Creative Commons Attribution 2.0 Generic (CC BY 2.0) license (https://creativecommons.org/licenses/by/2.0/legalcode) ; 181 Margot Redwood; 182 Lightning (1909) by Mikalojus Ciurlionis. In the collection of the M. K. Ciurlionis National Art Museum in Kaunas, Lithuania; 183 Chris Damant; 184 Michael Warren; 185 Roger Lewis; 186 Paula Maxwell; 187 (top) Michela Murano and Valeriano Perteghella; 187 (bottom) Sun dogs illustration from the Nuremberg Chronicle, 1493. Photograph: Science History Images/Alamy Stock Photo; 188 Steven Grueber; 189 ESA/Hubble, R. Sahai and NASA; 190 Suzanne Winckler; 191 Wanderer Above the Sea of Fog (1817) by Caspar David Friedrich. In the collection of the Hamburger Kunsthalle, Hamburg,

Germany; 192 Dennis Paul Himes; 193 John Callender; 194 ISS Crew Earth Observations Facility and the Earth Science and Remote Sensing Unit, Johnson Space Center; 195 Azhy Chato Hasan; 196 Phil Chapman; 197 USPS; 199 Pete Herbert; 200 Before the Storm (1890) by Isaac Levitan. In the collection of the Smolensk State Museum Reserve, Smolensk, Russia; 201 Suzanne Winckler; 202 NASA; 203 Luda Sinclair; 204 Diagram of rainbow optics from Discours de la Méthode (1637) by René Descartes; 205 Tania Ritchie; 206 Justin Parsons; 207 (top) NASA; 207 (bottom) Fir0002/Flagstaffotos. Licensed under the Creative Commons Attribution-NonCommercial 3.0 Unported (CC BY-NC 3.0) license (https://creativecommons.org/licenses/by-nc/3.0/legalcode) ; 208 Charlie Gray; 209 Tiziano Bartolucci; 210 Fernando Flores; 211 © Diller, Scofidio + Renfro; 212 Landscape with a View of the Valkhof, Nijmegen by Aelbert Cuyp. National Galleries of Scotland. Purchased with the aid of the Art Fund 1972 (in recognition of the services of the Earl of Crawford and Balcarres to the Art Fund and the National Galleries of Scotland); 213 Graham Billinghurst; 214 Matt Minshall; 215 Dave Hall; 216 Martin Foster; 217 The Olive Trees by Vincent van Gogh. In the collection of the Museum of Modern Art, New York, US. Mrs. John Hay Whitney Bequest ; 218 'Clouds' from Orbis Pictus 1658) by John Amos Comenius; 219 Tania Ritchie; 220 Harriet Aston; 221 Marjorie Perrissin-Fabert; 222 NASA; 223 Patrick Dennis; 224 (top) NASA; 224 (bottom) Judy Taylor; 225 Richard Ghorbal; 226 NASA/JPL-Caltech/SwRI/MSSS/Gerald Eichstädt/Seán Doran; 227 Thorleif Rødland; 228 View of Toledo by El Greco. In the collection of the Metropolitan Museum of Art, New York, US. H. O. Havemeyer Collection, Bequest of Mrs. H. O. Havemeyer, 1929; 229 Jelte van Oostveen; 230 The Great Wave, Sète (1857) by Gustave Le Gray. In the collection of the Metropolitan Museum of Art, New York, US. Gift of John Goldsmith Phillips, 1976; 231 David Rosen; 232 Gary Davis; 233 Paul Jones; 234 (top left) Fred Ohlerking; 234 (top right) Graham Blackett; 234 (bottom left) Lauren Antanaitis; 234 (bottom right) Anne Downie; 235 (top left) Hélène Condie; 235 (top right) Saskia van der Sluis; 235 (bottom left) Sugata Kuila; 235 (bottom right) Peter Beuret; 236 NASA/JPL-Caltech/Space Science Institute; 237 Carole Pereira; 238 Study of Clouds with a Sunset near Rome by Simon Denis. In the collection of the J. Paul Getty Museum, Los Angeles, US; 239 Beth Holt; 240 Colleen Thomas; 242 Juho Holmi; 243 Vicki Kendrick; 244 Easton Vance; 245 The British Channel Seen from the Dorsetshire Cliffs (1871) by John Brett. N01902 by Tate Images/Digital Image © Tate, London 2014; 246 NASA/STScl Digitized Sky Survey/Noel Carboni; 247 Ross Hofmeyr; 248 Iridescent clouds – looking north from the Ramp on Cape Evans, Aug 9, 1911 (w/c on paper), Wilson, Edward Adrian (1872–1912)/Scott Polar Research Institute, University of Cambridge, UK / Bridgeman Images; 249 Hallie Rugheimer; 250 Kristina Machanic; 251 Marie Dent; 252 (top) NASA/JPL; 252 (bottom) Althea Pearson; 253 Bleaching Ground in the Countryside Near Haarlem (1670) by Jacob van Ruisdael. Bleaching Ground in the Countryside near Haarlem, 1670 (oil on canvas), Ruisdael, Jacob Isaaksz. or Isaacksz. van (1628/9–82) / Kunsthaus, Zurich, Switzerland / Bridgeman Images; 254 Baiyan Huang; 255 Carlyle Calvin; 256–257 Nimbus Dumont, 2014 by Berndnaut Smilde. Courtesy of the artist and Ronchini Gallery; 258 'Frigga Spinning the Clouds' by J. C. Dollman, from Myths of the Norsemen (1922) by H. A. Guerber; 259 Lilian van Hove; 260 Hannah Hartke; 261 Mike Cullen; 262 Winter Landscape 2 by Alex Katz. In the collection of the High Museum of Art, Atlanta, Georgia, US. © Alex Katz/VAGA at ARS, NY and DACS, London 2019; 263 Tom Montemayor/McDonald Observatory; 264 Wayde Margetts; 265 James Helmericks; 266 (top) Brett King; 266 (bottom) Gavin Pretor-Pinney; 268 Paul Martini; 269 NASA/Mark Vande Hei; 270 Fiona Graeme-Cook; 271 Detail from frontispiece of An Invective Against Cathedral Churches, Church-Steeples, Bells, etc (1656) by Samuel Chidley. British Library/Bridgeman Images; 272 NASA/ISS; 273 Nicole Bates; 274 (Patricia) Keelin; 275 Enrique Roldán; 276 Daisy Dawson; 277 Elizabeth Freihaut; 278 ESA/Hubble, NASA, A. Simon (GSFC) and the OPAL Team, J. DePasquale (STScl), L. Lamy (Observatoire de Paris) ; 279 Matteo Pessini/Alamy Stock Photo; 280 Henrik Välimäki; 281 Peter van de Bult; 282 Anne Hatton; 283 Margaret D. Webster; 284 Sofie Bonte; 286 Paul Martini; 287 Doug Short; 288 Roof Ridge of Frederiksborg Castle with View of Lake, Town and Forest (1833–34) by Christian Købke. In the collection of the Statens Museum for Kunst in Copenhagen, Denmark; 289 Emily Watson; 290 Stephen Ingram; 291 Maria Lyle; 292 Roberval Santos; 293 Busra Karademir; 294 Jean Gray; 295 Stephanie Arena; 296 (top) 24 NASA/JPL-Caltech/Space Science Institute; 296 (bottom) Fiona Semmens; 297 Marty Bell; 298 Patty Kjobmand Cashman; 299 The

Translation of the Holy House of Loreto (mid-1490s), attributed to Saturnino Gatti. In the collection of the Metropolitan Museum of Art, New York, US. Gwynne Andrews Fund, 1973; 300 Peter Dayson; 301 Marc van Workum; 302 Elizabeth Watson; 303 Tony Hoffman; 304 Shotsy Faust; 305 Anthony Skellern; 306 Clouds Over the Black Sea (1906) by Boris Anisfeld. Boris Anisfeld (Russian, 1879–1973). Clouds over the Black Sea–Crimea, 1906. Oil on canvas, 491/2 x 56in (125.7 x 142.2cm). Brooklyn Museum, gift of Boris Anisfield in memory of his wife, 33.416. Photo: Brooklyn Museum; 307 Nienke Lantman; 308 Clouds and Sunbeams Over the Windberg Near Dresden (1857) by Johan Christian Dahl. In the collection of the National Gallery of Norway; 309 (left and right) Mary Stivison; 310 Laura Simms; 311 Burial of the Sacred Wood by Piero della Francesca. Church of San Francesco, Arrezo, Italy. Photograph: The Picture Art Collection/Alamy Stock Photo; 312 Jeff Schmaltz, MODIS Rapid Response Team, NASA/GSFC; 313 Sinead Hurley; 314 Lucy Goldner; 315 Søren Hauge; 316 Eystein Mack Alnaes; 317 (left) George Preoteasa; 317 (middle) Jan McIntyre; 317 (right) Thibaut de Jaegher; 318 Roberval Santos; 319 Ross McLaughlin; 320 Mural by Howard Crosslen at the National Center for Atmospheric Research, Boulder, Colorado, US. Photo: Gavin Pretor-Pinney; 321 ESA/NASA; 322 Jammin Palmer; 323 Renee Gerber; 324 Jeff Schmaltz, MODIS Rapid Response at NASA GSFC; 326 Deborah Milics; 327 Paul Harwood; 328 Mishima Pass in Kai Province (around 1830) by Katsushika Hokusai. In the collection of the Metropolitan Museum of Art, New York, US. Rogers Fund, 1914; 329 Gary McArthur; 330 Michael Warren; 331 Marco Cingolani; 332 (top) Kristof De Maeseneer; 332 (bottom) Alison Banks; 333 Antibes (La Pinède) by Paul Signac. Private collection; 334 Junichi Kai; 335 Paul Bell; 336 Jeanette White; 337 Susan McArthur; 338 Tom Keymeulen; 339 Paul Noah; 340 Untitled No. 31 (2006) by Zaria Forman. Courtesy of the artist Zaria Forman; 341 Ian Loxley; 342 Seth Adams; 344 Liam Greany; 345 NASA/Jeff Schmaltz, LANCE/EOSDIS Rapid Response; 346 The Empire of Light, II by René Magritte. In the collection of the Museum of Modern Art, New York, US. © ADAGP, Paris and DACS, London 2019. ; 347 James Williams; 348 Karel Jezek; 349 Tom Bean; 350 John Callender; 351 Abbas Virji; 352 Gillian Edkins; 353 (top) Sunny Morning on the Hudson River (1827) by Thomas Cole. In the collection of the de Young Museum, San Francisco, US. Photograph: The Picture Art Collection/Alamy Stock Photo; 353 (bottom) Light and Black Shadow (1977) by Jon Schueler. Jon Schueler (1916–1992), Light and Black Shadow, 1977, 69 x 76in/175.25 x 193cm, oil on canvas (o/c 876). © Jon Schueler Estate; 354 John Gale; 355 Kevin Schafer; 356 Peter Leenen; 357 David Malpas; 358 Jon Hearn; 359 Søren Hauge.

22도 달무리 22-degree lunar halo 287
GOES Geostationary Operational Environmental satellite 130
IC 2118 성운 246
NASA
STScI 디지털 천체 탐사 STScI digitized Sky Survey 246
랜드셋 8호 위성 Landsat 8 satellite 168
바이킹 1호 궤도선 Viking 1 Orbiter 252
보이저 2호 우주선 Voyager 2 spacecraft 118
수오미-NPP 위성 Suomi NPP satellite 156
스피처 우주망원경 Spitzer Space Telescope 296
시그너스 화물우주선 Cygnus spacecraft 113
아쿠아 인공위성 Aqua satellite 88, 325, 345
아폴로 4호 Apollo 4 224
아폴로 11호 미션 Apollo 11 mission 165
주노 우주탐사선 Juno spacecraft 41, 226
카시니 우주선 Cassini spacecraft 24, 178, 236
테라 위성 Terra satellite 48, 62, 125, 142, 312
파이오니어 금성 궤도위성 Pioneer Venus Orbiter 77
화성정찰위성 Mars Reconnaissance Orbiter 37
화성탐사로봇 스피릿 Spirit exploration rover 90
허블 우주망원경 Hubble Space Telescope 47, 108, 189, 278

STScI 디지털 천체 탐사 STScI digitized Sky Survey 246

ㄱ

가스, 새뮤얼 Garth, Samuel 176
〈가이 지방의 미시마 산길〉(호쿠사이) Mishima Pass in Kai Province 328
〈가장 행복한 심장〉(체니) The Happiest Heart 132
가티, 사투르니노 Gatti, Saturnino 299
갈퀴권운 uncinus 121, 213, 221, 237, 281
강 연기 안개 river smoke fog 294
거꾸로부챗살빛 anti-crepuscular rays 143, 309
거버, H. A. Guerber, H. A. 258
거친물결구름 asperitas 38, 105, 276, 329
《걸리버 여행기》(스위프트) Gulliver's Travels (Swift) 208
게르스트, 알렉산더(사령관) Gerst, Commander Alexander 59, 84, 321
겐코, 요시다 Kenkō, Yoshida 326
《계절의 해시계》(볼랜드) Sundial of the Seasons 262
고양이 눈 성운 Cat's Eye Nebula 47
고적운 Altocumulus 50, 69, 71, 83, 97, 119, 135, 139, 142, 185, 188, 243, 254, 267, 276, 290, 297, 302, 303, 318, 321, 323, 326, 331, 341, 350, 358
렌즈고적운 lenticularis 17, 79, 81, 160, 169,

219, 232, 316, 349

반투명고적운 translucidus 317

방사고적운 radiatus 33

벌집고적운 lacunosus 290

탑상고적운 castellanus 110

틈새고적운 perlucidus 111, 317

틈새 층상고적운 stratiformis perlucidus 31

파상고적운 undulatus 66, 129, 273, 304

고층운 Altostratus 92, 129, 142, 146, 288, 321, 358

과잉무지개 supernumerary bows 268

《과학 속 동화나라》(버클리) The Fairy-Land of
Science 225

광학효과 지도 Optical Effects map 12

광합성플랑크톤 phytoplankton 88

광환 coronas 201

〈구름〉(브룩) Clouds 63

구름감상협회 Cloud Appreciation Society 7, 11,
13, 14, 38, 105, 147, 234, 244, 276, 359

구름 광학효과 지도 Cloud Optical Effects map 12

구름무지개 cloudbows 166

구름 부족 Cloud Clan, the 147

구름 유형 지도 Cloud Classifications map 6

〈구름 위에서〉(오키프) Above the Clouds 68

구름위원회 Cloud Committee, the 50

구름의 모양 cloud shapes 8, 9

구름의 색깔 colour of clouds, the 27

구름의 속(屬) cloud genera 6, 7

구름 조각 cloudlets 73, 135, 290

구름줄기 cloud streets 62, 343

〈구름 집〉(브라우닝) The House Of Clouds 119

구름 풍경 우표 'Cloudscape' stamps 197

구멍구름 cavum 198, 233, 344

구상번개 ball lightning 271

《국제구름도감》 International Cloud Atlas 50, 105,
120

국제 구름의 해 International Year of the Cloud 50

국제우주정거장 International Space Station 13,
27, 54, 59, 84, 100, 126, 137, 150, 194, 207,
222, 269, 272, 321

굴드, 스티븐 제이 Gould, Stephen Jay 323

권운 Cirrus 11, 52, 56, 59, 61, 80, 113, 114, 124,
141, 163, 170, 231, 239, 252, 258, 259, 285,
301, 334, 355

갈퀴권운 uncinus 23, 40, 121, 213, 221, 237

명주실권운 fibratus 190, 252

얽힌권운 intortus 49, 274, 281, 337

유방권운 mamma 332

포기권운 floccus 113

권적운 Cirrocumulus 73, 94, 135, 154, 224, 290

렌즈권적운 lenticularis 15

권층운 Cirrostratus 18, 58, 71, 106, 133, 187, 195,
287, 288, 297, 351

그레코, 엘 El Greco 228

〈그림으로 보는 석가모니의 생애〉(도레) Vie illustrée
du Bouddha Çakyamouni 134

그림자 shadows 254

그림자광륜 glories 35, 93, 289, 321, 327

극지방 성층권 구름 polar stratospheric 39, 248,
335

극지방 중간층 구름 polar mesospheric 126, 167,
241

《근대 화가론》(러스킨) Modern Painters 299

글레이셔, 제임스 Glaisher, James 157

금성 Venus 77

《기구 여행》(글레이셔, 플라마리옹, 드 퐁비엘, 티상디
에) Travels in the Air (Glaisher Flammarion/de
Fonvielle Tissandier) 157

《기상학》(아리스토텔레스) Meteorologica 229

깃발구름 banner clouds 347

깔때기구름 tubas 255, 264

꼬리구름 virga 69, 318


ㄴ

《나그네》(보들레르) The Stranger 221

《나 자신의 노래》(휘트먼) Specimen Days 237

나카야, 후지코 Nakaya, Fujiko 192

낙하줄무늬 구멍 fallstreak holes 198, 233, 344

난류 구멍 turbulence holes 347

난층운 Nimbostratus 60, 206, 260, 315

남극광 aurora australis 84, 207

〈네이메헌 팔크호프가 보이는 있는 풍경〉(카위프) Landscape with a View of the Valkhof, Nijmegen 212

노자 老子 149

눈송이 snowflakes 145

《뉘른베르크 연대기》(셰델) Nuremberg Chronicle (Schedel) 187

뉴턴, 아이작 Newton, Sir Isaac 351

늑골권운 Cirrus vertebratus 239

〈님버스 듀몬트〉(스밀데) Nimbus Dumont 257


ㄷ

다이아몬드 가루 diamond dust 72, 109, 161, 322

달 Moon, the 287

달, 요한 크리스티안 Dahl, Johan Christian 308

달무지개 lunar bows 287

〈달빛 아래 겨울 풍경〉(파러) Winter Scene in Moonlight 80

《대기》(플라마리옹) L'Atmosphere 175

대머리적란운 calvus 95

대일점 anti-solar point 122, 143, 277

대일효과 anti-solar effects 122

《데미안》(헤세) Demian 297

데카르트, 르네 Descartes, René 204

도레, 앙리 Doré, Henri 134

도겐 선사 Zenji, Dogen 315

〈도싯셔 절벽에서 바라본 영국해협〉(브렛) The British Channel Seen from the Dorsetshire Cliffs 245

《도연초》(겐코) 徒然草 326

《돈주안》(바이런) Don Juan 128

돌맨, J. C. Dollman, J. C. 258

두루마리구름 roll clouds 117, 172, 247

〈두 번째 어린 시절〉(체스터턴) A Second Childhood 98

드니, 시몽 Denis, Simon 238

《등대로》(울프) To the Lighthouse 334

디킨스, 찰스 Dickens, Charles 181

디킨슨, 에밀리 Dickinson, Emily 358

딜러 스코피디오 앤 렌프로 Diller Scofidio + Renfro 211

딜런, 밥 Dylan, Bob 354


ㄹ

라위스달, 야코프 판 Ruisdael, Jacob Isaackszoon van 253

랜드셋 8호 위성 Landsat 8 satellite 168

러스킨, 존 Ruskin, John 40, 299

《레딩 감옥의 노래》(와일드) The Ballad of Reading Gaol 89

레비탄, 이삭 Levitan, Isaac 200

렌즈구름 lenticularis 15, 17, 25, 79, 81, 86, 103, 160, 169, 217, 219, 232, 279, 316, 349

〈로마 근처에서 노을에 물든 구름 습작〉(드니) Study of Clouds with a Sunset near Rome 238

로이드 라이트, 프랭크 Lloyd Wright, Frank 81, 250

롱펠로, 헨리 위즈워스 Longfellow, Henry Wadsworth 94, 164

루미, 잘랄루딘 Rumi, Jalaluddin 139

루소, 앙리 Rousseau, Henri 60

르그레, 귀스타브 Le Gray, Gustave 230

리겔 Rigel 246

리처드슨, 루이스 프라이 Richardson, Lewis Fry 107


ㅁ

마그리트, 르네 Magritte, René 346

마녀머리 성운 Witch Head Nebula 246

《막간》(울프) Between the Acts 280

〈막연한 공상, 혹은 구름 속의 시인〉(콜리지) Fancy in Nubibus or the Poet in the Clouds 214

말굽꼴 소용돌이 구름 horseshoe vortex 55, 87, 295

맨리 홉킨스, 제라드 Manley Hopkins, Gerard 19

〈맵 여왕〉(셸리) Queen Mab 58

《먼저 해야 할 일부터 먼저》(오든) First Things First

348

면사포구름 velum 243, 280

명주실구름 fibratus 66, 190, 252, 281

모루 anvil 54

모루구름 incus 54, 95, 314

모자구름 cap clouds 86, 123

목성 Jupiter 41, 226

몽테뉴, 미셸 드 Montaigne, Michel de 233

무리해 sun dogs 96, 109, 187, 195, 322, 357

〈무리해 그림〉(엘브파스) Väersolstavlan 96

무리현상 halo phenomena 133, 153, 227, 287,
　　355, 357

무언가를 닮은 구름들 지도 Clouds that Look Like
　　Things map 8

〈무제 31번〉(포먼) Untitled No.31 340

무지개 rainbows 19, 30, 51, 57, 101, 136, 204, 261,
　　268, 277, 348

무지개바퀴 rainbow wheel 277

무지개뱀 Rainbow Serpent 101

물결구름 fluctus 20, 44, 107, 249, 359

물얼음 water ice 162

《물의 지혜》(아처) The Wisdom of Water 76

뮤어, 존 Muir, John 49

미국 국립기상연구소 National Center for
　　Atmospheric Research 320

미국 국립해양대기국 National Oceanic and
　　Atmospheric Administration, US 130

미술 작품 속에 묘사된 구름 art, clouds depicted in
　　9 - 11

미우인 米友仁 16

미첼, 조니 Mitchell, Joni 304


ㅂ

바다김안개 sea smoke 283

바이런 Byron, Lord 128

바이킹 1호 궤도선 Viking 1 Orbiter 252

반 고흐, 빈센트 van Gogh, Vincent 44, 217

반사무지개 reflection bows 261

반짝잇길 glitter path 227

반투명구름 translucidus 317

〈밤 VII〉(영) Night VII 70

《방법서설》(데카르트) Discours de la Méthode 204

방사구름 radiatus 33, 342

방사파상구름 undulatus radiatus 183

방사형구름 actinoform 48

배럿 브라우닝, 엘리자베스 Barrett Browning,
　　Elizabeth 119

버클리, 아라벨라 B. Buckley, Arabella B. 225

번개 lightning 37, 59, 149, 182, 194, 210, 218, 271

〈번개〉(치우클리오니스) Lightning 182

번스, 로버트 Burns, Robert 185

벌집구름 lacunosus 78, 290

벤틀리, 윌슨 Bentley, Wilson 145

벨로, 솔 Bellow, Saul 304

벽구름 murus 215, 264

《변신 이야기》(오비디우스) Metamorphoses 291

〈별이 빛나는 밤〉(고흐) The Starry Night 44

보든, 잭 Borden, Jack 197

보들레르, 샤를 Baudelaire, Charles 221

〈보스 사이즈 나우〉(미첼) Both Sides, Now 304

보이저 2호 우주선 Voyager 2 spacecraft 118

복사안개 radiation fog 196

복슬적란운 capillatus 22

볼게무트, 미하엘 Wolgemut, Michael 187

볼드윈, 토머스 Baldwin, Thomas 75

볼랜드, 할 Borland, Hal 262

볼루투스 volutus 117, 172, 247

봉우리적운 congestus 137, 138, 147, 152, 209, 340

부챗살빛 crepuscular rays 70, 74, 127, 159, 185,
　　209, 229, 245, 309

북극광 aurora borealis 84, 242

《북유럽 신화, 재밌고도 멋진 이야기》(거버) Myths
　　of the Norsemen (Guerber) 258

불투명구름 opacus 317

브라이언트, 윌리엄 컬런 Bryant, William Cullen
　　247

〈브라이튼 근처 습작 스케치북〉(터너) Studies near
　　Brighton Sketchbook 102

브렛, 존 Brett, John 245

브로켄의 요괴 Brocken spectres 35, 93, 289, 321, 327

브룩, 루퍼트 Brooke, Rupert 63

블레이크, 윌리엄 Blake, William 357

〈비에브르쉬르장티의 풍경〉(루소) View of Bievre-sur-Gentilly 60

〈비 오는 날〉(롱펠로) The Rainy Day 164

《비의 왕 헨더슨》(벨로) Henderson the Rain King 304

비행기 흩어짐 흔적 aircraft dissipation trails 146, 344

비행운 contrails 106, 148, 241, 330, 345

〈빛과 검은 그림자〉(슐러) Light and Black Shadow 353

〈빛의 제국 2〉(마그리트) The Empire of Light II 346

ㅅ

산란호 diffuse arcs 122

산악구름 orographic clouds 123

삿갓구름 pileus 21, 112, 243

상단접호 upper tangent arcs 153

상승응결고도 condensation level 223

〈새해 첫날, 던롭 부인에게〉(번스) New Year's Day: to Mrs Dunlop 185

샌드버그, 칼 Sandburg, Carl 42

샤피로, 멜빈 Shapiro, Melvyn 320

《서곡》(워즈워스) The Prelude 28

선박 자국 ship tracks 345

선반구름 shelf clouds 36, 293

성간구름 interstellar clouds 47, 108, 189, 246, 263, 296

성운 nebulas 47, 108, 189, 246, 263, 296

세계기상기구(WMO) World Meteorological Organization 38, 50, 105

《세계도해》(코메니우스) Orbis Pictus 218

셔틀 레이더 지형 미션 Shuttle Radar Topography Mission 168

셰델, 하르트만 Schedel, Hartmann 187

셰익스피어, 윌리엄 Shakespeare, William 23, 163

셸리, 퍼시 비시 Shelly, Percy Bysshe 58, 124

소로, 헨리 데이비드 Thoreau, Henry David 159, 203

소쉬르, 오라스 베네딕트 드 Saussure, Horace-Bénédict de 43

솔로몬 R. 구겐하임 미술관 Guggenheim, Solomon R. 81

쇼크에그 shock eggs 319

《수상록》(몽테뉴) Essais 233

수오미-NPP 위성 Suomi NPP satellite 156

수증기 water vapour 11

《수치 과정에 의한 기상예보》(리처드슨) Weather Prediction by Numerical Process 107

수평무지개 circumhorizon arcs 51, 231

슐러, 존 Schueler, Jon 353

스밀데, 베른나우트 Smilde, Berndnaut 257

스위프트, 조너선 Swift, Jonathan 208

스티글리츠, 앨프리드 Stieglitz, Alfred 173

《스페인 학생》(롱펠로) The Spanish Student 94

스프라이트 sprites 194

스피릿(화성탐사로봇) Spirit exploration rover 90

스피처 우주망원경 Spitzer Space Telescope 296

시그너스 화물우주선 Cygnus spacecraft 113

시냐크, 폴 Signac, Paul 333

시안계 cyanometers 43

《시카고 시집》(샌드버그) Chicago Poems 42

〈신성한 나무의 매장〉(프란체스카) Burial of the Sacred Wood 311

ㅇ

아니스펠드, 보리스 Anisfeld, Boris 306

아리스토텔레스 Aristotle 229

아리스토파네스 Aristophanes 216

아처, 존 Archer, John 76

아치구름 arcus 36, 293

아쿠아 인공위성 Aqua satellite 88, 325, 345

아폴로 11호 미션 Apollo 11 mission 165

아폴로 4호 Apollo 4 224

안개 fog 38, 115, 176, 191, 192, 244, 250, 262, 292, 356
　강 연기 안개 river smoke fog 294
　구름무지개 cloudbows 166
　다이아몬드 가루 diamond dust 72, 109, 161, 322
　바다김안개 sea smoke 283
　복사안개 radiation fog 196
　안개벽 fog walls 211
　이류안개 advection fog 42, 184
안개무지개 fogbows 289
〈안개 바다 위의 방랑자〉(프리드리히) A Wanderer above the Sea of Fog 191
〈앙티브의 장밋빛 구름〉(시냐크) Le Nuage Rose, Antibes 333
애덤스, 앤설 Adams, Ansel 173
야광구름 noctilucent clouds 126, 167, 241
《어두운 봄》(쥐른) Dark Spring 310
얽힌구름 intortus 49, 274, 281, 337
《에메랄드 태블릿》 Emerald Tablet 351
에머슨, 랠프 월도 Emerson, Ralph Waldo 301
에베르트 자우덴바흐의 대가 Master of Evert Zoudenbalch, The 121
《에세이》(에머슨) Essays 301
《에어로파이디아》 (볼드윈) Airopaidia 75
《엘레노라》(포) Eleanora 83
엘브파스, 야코프 Elbfas, Jacob 96
《여덟 마리 새끼돼지》(굴드) Eight Little Piggies: Reflections on Natural History 323
열대수렴대 Intertropical Convergence Zone 130
영, 에드워드 Young, Edward 70
《영원한 사람》(체스터턴) The Everlasting Man 243
영일 sub-suns 72
오비디우스 Ovid 291
오키프, 조지아 O'Keefe, Georgia 68
온도 조절 temperature moderation 224
와일드, 오스카 Wilde, Oscar 89
외상방호 supralateral arcs 161, 305
외접무리 circumscribed halo 355

《우리의 국립공원》(뮤어) Our National Parks 49
우박 hailstones 175
우주왕복선 컬럼비아호 Space Shuttle Columbia 202
우표 stamps 197
울프, 버지니아 Woolf, Virginia 280, 334
워즈워스, 윌리엄 Wordsworth, William 28
윈드시어 wind shear 20, 44, 56, 183, 213, 249
《윌리엄 블레이크의 노트》 The Notebook of William Blake 357
윌슨, E. O. Wilson, E.O. 7, 161
윌슨, 에드워드 에이드리언 Wilson, Edward Adrian 248
유방구름 mamma 34, 171, 314, 332
유성 meteors 241
은하수 Milky Way 286
이류안개 advection fog 42, 184
인간활동유래구름 homogenitus 162
〈인생이란?〉(클레어) What if Life? 341
일식 solar eclipse 207

ᄌ

자개구름 nacreous clouds 39, 248, 335
《자연, 그 경이로움에 대하여》(카슨) The Sense of Wonder 265
〈잿빛과 금빛〉(록스) Gray and Gold 152
적란운 Cumulonimbus 27, 36, 46, 54, 58, 85, 91, 98, 120, 128, 149, 150, 155, 171, 174, 203, 206, 210, 222, 228, 238, 243, 254, 255, 280, 285, 296, 314
　대머리적란운 calvus 95
　복슬적란운 capillatus 22
　유방적란운 mamma 332
적운 Cumulus 18, 21, 27, 28, 29, 52, 63, 75, 76, 89, 95, 100, 112, 113, 132, 140, 155, 186, 195, 203, 205, 220, 223, 230, 245, 275, 277, 279, 285, 291, 300, 302, 306, 310, 325, 349
　방사적운 radiatus 343
　봉우리적운 congestus 137, 138, 147, 152, 209,

340
인간활동유래적운 homogenitus 162
조각적운 fractus 45, 67, 275, 354
중간적운 mediocris 339
편평운 humilis 87, 144, 181, 313, 346, 359
접호 tangent arcs 153, 161, 357
조각구름 fractus 16, 45, 67, 275, 352, 354
《조제실》(가스) The Dispensary 176
조토 Giotto 179
주노 우주탐사선 Juno spacecraft 41, 226
〈죽음에 대한 고찰〉(브라이언트) Thanatopsis 247
중간적운 mediocris 339
증기원뿔 vapour cones 319
진주모운 'mother-of-pearl' clouds 39, 248, 335

ㅊ

천정호 circumzenithal arcs 64, 124, 161, 239, 305
체니, 존 밴스 Cheney, John Vance 132
체스터턴, G. K. Chesterton, G. K. 98, 243
체호프, 안톤 Chekhov, Anton 200
취른, 우니카 Zürn, Unica 310
층운 Stratus 48, 52, 74, 115, 191, 249, 292, 327, 338, 350
　불투명층운 opacus 317
　조각층운 fractus 16, 352
　파상층운 undulatus 65
층적운 Stratocumulus 27, 48, 86, 116, 135, 208, 228, 229, 270, 272, 276, 280
　방사파상층적운 undulatus radiatus 183
　탑상층적운 castellanus 58, 212
　파상층적운 undulatus 125
치들리, 새뮤얼 Chidley, Samuel 271
치우를리오니스, 미칼로유스 Čiurlionis, Mikalojus 182

ㅋ

카슨, 레이첼 Carson, Rachel 15, 265
카시니 우주선 Cassini spacecraft 24, 178, 236
카츠, 알렉스 Katz, Alex 262

커푸어, 애니쉬 Kapoor, Sir Anish 114
컨스터블, 존 Constable, John 9, 32
케네디, 테드 Kennedy, Ted 197
케니온, 에드워드 Kennion, Edward 52
켈빈-헬름홀츠 파동 구름 Kelvin-Helmholtz wave clouds 20, 44, 107, 359
코끼리 구름 elephant clouds 234, 235
코메니우스, 요한 아모스 Comenius, John Amos 218
코이프, 알베르트 Cuyp, Aelbert 212
콕스, 존 로저스 Cox, John Rogers 152
콜, 토머스 Cole, Thomas 353
콜리지, 새뮤얼 테일러 Coleridge, Samuel Taylor 214
쾨브케, 크리스텐 Købke, Christen 288
크로슬렌, 하워드 Crosslen, Howard 320
〈큰 파도〉(호퍼) Ground Swell 56
〈클라우드 게이트〉(카푸어) Cloud Gate 114
클레어, 존 Clare, John 341
키아로스쿠로 chiaroscuro 155

ㅌ

탑상구름 castellanus 58, 110, 212
태양풍 solar wind 84
터너, J. M. W. Turner, J. M. W. 102
테라 위성 Terra satellite 48, 62, 125, 142, 312
테오토코풀로스, 도메니코스 Theotokópoulos, Doménikos 228
〈템페스트〉(셰익스피어) The Tempest 23
토네이도 tornadoes 215, 264
토성 Saturn 108, 178, 236, 278
토성의 육각형 Saturn's Hexagon 24
〈톨레도의 풍경〉(엘 그레코) View of Toledo 228
틈새구름 perlucidus 111, 317
틈새층상구름 stratiformis perlucidus 31
티상디에, 가스통 Tissandier, Gaston 157

## ㅍ

파러, 헨리 Farrer, Henry 80

파상구름 undulatus 65, 66, 125, 129, 183, 273, 304, 329

파이오니어 금성 궤도위성 Pioneer Venus Orbiter 77

패리 대일호 parry anti-solar arc 122

페스케, 토마스 Pesquet, Thomas 113

편난운 pannus 206

편평운 humilis 87, 144, 181, 313, 346, 359

포, 에드거 앨런 Poe, Edgar Allan 83

포기구름 floccus 281

포먼, 자리아 Forman, Zaria 340

포스터, 마일스 버킷 Foster, Myles Birket 164

폭포수구름 cataractagenitus 275

폰 카르만 소용돌이 Von Kármán vortices 29, 312

퐁비엘, 윌프리 드 Fonvielle, Wilfrid de 157

프란체스카, 피에로 델라 Francesca, Piero della 311

프루고니, 키아라 Frugoni, Chiara 179

프리드리히, 카스파르 다비트 Friedrich, Caspar David 38, 191

플라마리옹, 카미유 Flammarion, Camille 157, 175

피셔, 존 Fisher, John 32

피크, 팀 Peake, Tim 54

## ㅎ

하늘의 미술 지도 Art of the Sky Map 10

〈하를렘 근처 시골의 표백장〉(라위스달) Bleaching Ground in the Countryside Near Haarlem 253

하방환일환 subparhelic circles 122

하워드, 루크 Howard, Luke 52

하틀리, 마스든 Hartley, Marsden 25

항공기 응결 흔적 aircraft condensation trails 106, 148, 241, 330, 345

〈해가 어떻게 떴는지 말해주지〉(디킨슨) I'll Tell You How the Sun Rose 358

해기둥 sun pillars 227, 265

해왕성 Neptune 118

〈허드슨강의 화창한 아침〉(콜) Sunny Morning on the Hudson River 353

허블 우주망원경 Hubble Space Telescope 47, 108, 189, 278

헤세, 헤르만 Hesse, Hermann 297

헥터 더 컨벡터 Hector the Convector 46

헨리, 폴 Henry, Paul 138

《현성공안》(도겐) 現成公安 315

호쿠사이, 가쓰시카 Hokusai, Katsushika 111, 328

호퍼, 에드워드 Hopper, Edward 56

홀 펀치 구름 hole-punch clouds 198, 233, 344

화성 Mars 37, 90, 162, 252

화성정찰위성 Mars Reconnaissance Orbiter 37

화이트, T. H. White, T. H. 274

환일환 parhelic circles 96, 109, 122, 187, 195, 322, 357

황도광 zodiacal light 180

《황폐한 집》(디킨스) Bleak House 181

회절 diffraction 18

〈후지산의 36경〉(호쿠사이) 富嶽三十六景 111

휘트먼, 월트 Whitman, Walt 237

〈흑해와 크림반도 위로 드리운 구름〉(아니스펠드) Clouds over the Black Sea-Crimea 306

흩어짐 흔적 dissipation trails 146, 344

힌츠, 볼프강 Hinz, Wolfgang 305

힌츠, 클라우디아 Hinz, Claudia 305